LES CONDITIONS
DE
LA PRODUCTION DU VIN
ET
LES EXIGENCES DE LA VIGNE EN PRINCIPES FERTILISANTS
DANS LES VIGNOBLES DE LA GIRONDE

PAR

M. A. MÜNTZ

PROFESSEUR-DIRECTEUR DES LABORATOIRES À L'INSTITUT NATIONAL AGRONOMIQUE

ET M. E. ROUSSEAUX

PRÉPARATEUR DE CHIMIE À L'INSTITUT NATIONAL AGRONOMIQUE

(Extrait du *Bulletin du Ministère de l'Agriculture*)

PARIS

IMPRIMERIE NATIONALE

M DCCC XCVI

LES CONDITIONS

DE

LA PRODUCTION DU VIN

ET

LES EXIGENCES DE LA VIGNE EN PRINCIPES FERTILISANTS

DANS LES VIGNOBLES DE LA GIRONDE,

PAR

M. A. MÜNTZ,

PROFESSEUR-DIRECTEUR DES LABORATOIRES À L'INSTITUT NATIONAL AGRONOMIQUE

ET M. E. ROUSSEAUX,

PRÉPARATEUR DE CHIMIE À L'INSTITUT NATIONAL AGRONOMIQUE.

Le département de la Gironde renferme des vignobles qui comptent parmi les plus renommés, plus encore par la qualité exceptionnelle de leurs vins que par les surfaces qu'ils couvrent et les quantités qu'ils produisent. C'est au choix judicieux des cépages, aux soins apportés à la culture et à la vinification, au climat doux et régulier de la région et à une constitution des sols particulièrement avantageuse que sont dus principalement la grande qualité des vins de la Gironde, la réputation dont ils jouissent dans le monde entier et les prix élevés qu'ils atteignent.

A côté des grands crus, le département produit encore des vins plus ordinaires, mais qui sont cependant très supérieurs aux vins communs du Midi.

Les crus qui jouissent d'une réputation datant déjà de loin sont ceux du Médoc, des Graves, du Saint-Émilionnais et du pays de Sauternes, tous remarquables par leur finesse et leur bouquet, qui s'accentuent encore par le vieillissement.

Les produits moins cotés, mais qui n'en ont pas moins de la qualité, sont ceux de l'Entre-deux-Mers, c'est-à-dire de la presqu'île que forment la Garonne et la Dordogne, avec des plaines et des coteaux; ceux des palus, terres d'alluvions qui bordent ces deux rivières; ceux de Sainte-Foy, qui s'étendent sur des terrains ondulés.

L'importante région du Bordelais n'a pas été épargnée par le phylloxéra, mais si l'insecte a causé, dans tant d'autres vignobles, de si grands désastres, s'il a même détruit complètement ceux de régions entières, on a pu, dans les grands crus du Bordelais, lui résister avec succès. Depuis vingt ans qu'il y a fait son apparition, il s'est trouvé dès le début en présence de viticulteurs résolus à entreprendre une défense énergique et à la continuer malgré tous les sacrifices. La valeur des vignobles, les revenus considérables qu'ils donnent, ont permis d'entreprendre cette lutte, surtout dans les crus renommés, qui ont pu être ainsi sauvés. Les vieilles vignes françaises existent donc encore aujourd'hui et maintiennent cette supériorité de qualité dont on pouvait craindre la disparition.

C'est par des traitements insecticides énergiques, surtout à l'aide du sulfocarbonate de potassium, que ce résultat a été obtenu.

C'est le plus bel exemple que l'on puisse citer de vignobles si considérables maintenus en pleine production, et qui témoigne de la possibilité de conserver intactes les vignes françaises. C'est un précieux enseignement pour les propriétaires de vignobles menacés, comme ceux de la Champagne, où, depuis quelques années, les atteintes de l'insecte s'étendent de plus en plus. Le vignoble champenois a une valeur aussi grande, peut-être plus grande que celui du Bordelais; le propriétaire ne devrait pas reculer devant les sacrifices nécessaires à la conservation de ses vignes, surtout dans l'incertitude où il est du succès de leur remplacement par des plants greffés.

Non seulement la région bordelaise n'a pas vu diminuer l'étendue de ses vignobles, mais ceux-ci se sont même accrus sensiblement; beaucoup de propriétaires ont, en effet, planté des surfaces importantes, auparavant cultivées en prairies ou occupées par les landes. Ces nouvelles plantations ont été faites, tantôt avec des vignes françaises, tantôt avec des plants greffés sur racines américaines. Ces derniers occupent aujourd'hui une large place dans les crus de moindre valeur.

Ces importants vignobles, dont nous venons d'esquisser brièvement l'état actuel, sont tous situés dans le département de la Gironde, traversé par la Garonne et par la Dordogne. Mais la diversité des conditions de situation, d'exposition, de constitution des sols, d'encépagement, de culture et de vinification, produit des différences très grandes dans la nature des vins, qui offrent, suivant les groupements viticoles, des caractères propres qui les distinguent les uns des autres.

Aussi divise-t-on le département en un certain nombre de régions viticoles bien délimitées et qui sont les suivantes :

1° A gauche de la Garonne et de la Gironde :

Le Médoc, avec ses vins rouges si célèbres par leur bouquet;

Les Graves, avec des vins ayant également une qualité remarquable;

Le pays de Sauternes, si renommé pour ses vins blancs d'une exquise finesse;

2° Dans le bassin de la Dordogne :

Le Saint-Émilionnais, dont les crus les plus réputés sont ceux de Saint-Émilion et ceux de Pomerol, qui caractérisent le mieux les vins de côtes, puis les vins moins estimés de Sainte-Foy, etc.;

3° Entre la Garonne et la Dordogne :

L'Entre-deux-Mers, qui comprend une vaste étendue où se font des vins ordinaires;

4° Enfin il convient de signaler dans les terrains d'alluvions qui bordent la Gironde, la Garonne et la Dordogne, des vignes dites de *Palus*, qui donnent des rendements plus élevés de vins moins appréciés.

Dans chacune des régions que nous venons d'énumérer, les vins ont des caractères communs, mais non une qualité égale, ni une même valeur. Ces différences tiennent le plus souvent à l'exposition, à la constitution plus ou moins graveleuse des sols, aux soins apportés à la culture et à la vinification. Aussi depuis longtemps déjà une classification a-t-elle été établie par le commerce; les crus du Médoc ont été ainsi partagés en cinq catégories de crus classés, et, en outre, en crus bourgeois supérieurs, bourgeois ordinaires, enfin en crus artisans et paysans. Dans les régions voisines, une classification analogue a été faite. Mais nous devons faire remarquer que ces divisions, tout en servant d'indication générale pour la qualité et la valeur des vins, ne sont pas absolues.

Nous avons étudié les conditions de la production du vin dans les diverses parties du vignoble girondin, en choisissant dans chacune d'elles quelques crus pouvant servir de types.

Voici ceux sur lesquels nous avons opéré :

Médoc	1er cru	Château-Latour, Pauillac.
	1er cru	Château-Lafite, Pauillac.
	2e cru	Château-Brane-Cantenac, Cantenac.
	3e cru	Château-d'Issan, Cantenac.
	cru bourgeois supérieur	Château-Beau-Site, Saint-Estèphe.
	cru bourgeois ordinaire	Château-Loudenne, Saint-Yzans.
Palus		Château-Étoile-Cantenac, Cantenac.
		Château-Moulin-d'Issan, Cantenac.
Graves		Pessac, près Bordeaux.
Saint-Émilionnais	1er cru	Château-Saint-Georges, Côte-Pavie, Saint-Émilion.
	2e cru	Château-Bellefont-Belcier, près Saint-Émilion.
Pomerol 1er cru		Château-le-Gazin, Pomerol.
Sainte-Foy		Château-des-Vergnes, près Sainte-Foy-la-Grande.
Sauternes	1er grand cru	Château-d'Yquem, Sauternes.
	1er cru	Château-Coutet, Barsac.

Nous avons étudié ces différents vignobles en les groupant suivant les régions auxquelles ils appartiennent.

CHAPITRE Ier.

VIGNOBLES DU MÉDOC.

Situation. — Le Médoc est situé sur la rive gauche de la Garonne et de la Gironde, depuis Blanquefort, à environ 10 kilomètres au nord-ouest de Bordeaux, jusqu'à Soulac, près de l'embouchure de la Gironde, soit sur une longueur d'environ 80 kilomètres et sur une largeur moyenne de 10 kilomètres.

Il comprend des parties basses et une ligne de coteaux peu élevés. Les premières sont situées sur les rives du fleuve et forment des prairies et des vignobles assez importants, avec des terres d'alluvions fertiles, désignées sous le nom de Palus. Mais c'est sur les coteaux que se trouvent les vignobles du Médoc proprement dit, la palus constituant une région à part, autant par la culture de la vigne que par la qualité de ses vins, et devant faire l'objet d'une étude particulière.

Le Médoc proprement dit, dont nous nous occupons ici, comprend deux régions : l'une dite le *Haut-Médoc*, qui s'étend de Blanquefort à Saint-Seurin-de-Cadourne; l'autre le *Bas-Médoc*, de Saint-Seurin-de-Cadourne à Soulac. C'est dans la première que sont situés les crus classés et qu'on récolte les meilleurs vins; le Bas-Médoc produit des vins moins appréciés, qui se payent ordinairement à un prix moins élevé; il y a cependant des vins de qualité, surtout sur les croupes d'une certaine élévation.

Climat. — Le climat de la région qui nous occupe est désigné sous le nom de climat girondin. Il tient assez le milieu entre les climats du nord et du nord-ouest, et ceux du sud et du sud-est. Les chaleurs n'y sont pas très élevées et les pluies y sont réparties assez régulièrement dans le courant de l'année.

Les vents qui se font le plus souvent sentir sont ceux du nord-ouest, qui soufflent de l'Océan, et amènent généralement la pluie, et ceux du sud-est, qui sont également humides.

L'hiver se prolonge ordinairement assez tard et les printemps sont quelquefois pluvieux et frais, l'été généralement chaud et humide, et l'automne peu pluvieux, avec des températures assez élevées. C'est en somme un climat essentiellement tempéré, et l'on peut dire que par sa douceur et sa régularité il est très favorable à la culture de la vigne.

Il y a quelquefois des orages de grêle, mais qui sont localisés et ne compromettent que partiellement la récolte, comme cela est arrivé en 1894.

Les gelées de printemps font assez souvent des dégâts sérieux, surtout dans les bas-fonds; on recourt, dans les vignobles bien soignés, à l'emploi de nuages artificiels pour la combattre.

La floraison commence ordinairement dans la première quinzaine de juin, mais elle est parfois tardive et souvent sérieusement compromise par la coulure qui, dans les années humides, produit de grands dégâts. C'est un des fléaux les plus à redouter.

Les vendanges ont lieu dans les dernières semaines de septembre et plus rarement au commencement d'octobre.

L'année 1894 a été caractérisée par l'absence de gelées, mais, à partir du 20 avril, le printemps a été pluvieux, le temps très variable, avec de brusques changements de température. La coulure a sévi avec intensité, diminuant dans une forte proportion la récolte. La persistance des temps doux et pluvieux a favorisé le développement des maladies cryptogamiques; les soufrages et les traitements à la bouillie bordelaise ont dû être répétés et ont été continués, dans beaucoup de vignobles, jusqu'en septembre, peu avant la vendange; le mildew a réduit à presque rien la récolte dans les vignes qui ont été insuffisamment traitées ou dans lesquelles les traitements ont été opérés trop tardivement. Presque toutes les grandes propriétés ont été préservées par des sulfatages et des soufrages judicieusement appliqués; aussi, dans ces propriétés bien défendues, la qualité des vins de 1894 est-elle très bonne; ces vins ne sont pas ce qu'on appelle mildiousés et l'on n'a pas à craindre pour leur conservation.

L'été a été plutôt froid, et les vendanges, contrairement à ce qu'on a observé en 1893, n'ont pu être opérées que très tardivement; elle n'ont commencé que dans la première semaine d'octobre, par un temps froid et pluvieux, mais, aussitôt après, le temps s'est mis au beau et une température plus élevée a longtemps persisté. Les propriétaires qui ont vendangé tardivement ont donc été favorisés sous ce rapport, et, en outre, le raisin a pu acquérir une maturité plus complète; la crainte des intempéries pouvant survenir à cette époque tardive a porté beaucoup de viticulteurs à ne pas attendre le retour du beau temps.

Les écoulages n'ont eu lieu également que très tard, dans le commencement de novembre.

Constitution géologique et composition des sols. — En faisant abstraction de la région des palus, sur le bord du fleuve, et de celle des sables purs faisant partie des landes, bien que la vigne soit cultivée dans chacune d'elles, on peut dire que les vignobles du Médoc proprement dit, qui produisent les vins auxquels est due la réputation de cette contrée, sont constitués par une série de mamelons peu élevés, qui offrent l'aspect d'un pays peu accidenté.

Au point de vue géologique, ces mamelons, ou croupes, sont formés par les matériaux des divers étages tertiaires, qui donnent des sols de constitution très variable, et c'est surtout dans la nature de ces sols qu'il faut chercher la différence dans la qualité des vins qu'ils produisent.

Les sols sont, dans la généralité des cas, composés de gravier et de cailloux siliceux, roulés, mélangés à une proportion plus ou moins grande de sable ou d'argile; on les désigne sous le nom de « terres de *graves* ».

La proportion et la grosseur des cailloux quartzeux qu'elles renferment varient beaucoup, même sur des étendues très restreintes; ainsi, dans beaucoup de vignobles, on établit nettement cette division des terres en ce qu'on appelle la grosse grave, la moyenne grave et la petite grave. Dans la première, les éléments grossiers, en très forte proportion, atteignent et dépassent la grosseur du poing; ils sont moins abondants et plus petits dans la grave moyenne, n'atteignant, en général, que la grosseur d'une noix; enfin, la petite grave est formée de cailloux ne dépassant pas ordinairement le volume d'une noisette. C'est un fait bien établi que, dans les terres où les cailloux atteignent leur plus grande proportion et le plus de grosseur, on obtient les vins les plus appréciés pour leur finesse et leur bouquet. Aussi les crus les plus renommés se trouvent-ils dans les terres les plus caillouteuses. Ces conditions de sols, jointes à une exposition favorable et à des soins minutieux, ont une grande influence sur la qualité des vins du Médoc, et, par suite, sur la classification établie par le commerce. D'ailleurs, dans toutes ces croupes graveleuses, la maturation est de quinze jours environ plus précoce que dans les palus, ce qu'on attribue, peut-être avec raison, à la propriété de ces cailloux de renvoyer vers le raisin les rayons solaires qui les frappent.

Outre ces sols dits de *graves*, on rencontre encore assez communément dans le Médoc des terres plus argileuses ou terres *fortes*, appartenant à l'étage éocène, souvent riches en oxyde de fer, mais peu caillouteuses. Elles donnent des vins moins appréciés que ceux des terres de graves.

Quant aux sous-sols du Médoc proprement dit, ils ont des caractères également très variables. Tantôt ils sont constitués par des graviers et des cailloux roulés essentiellement siliceux, tantôt par des blocs de calcaire tertiaire, présentant de nombreuses fentes, où les racines de la vigne peuvent pénétrer et chercher les aliments et la fraîcheur; dans ces deux cas, la nature du sous-sol est favorable à la culture de la vigne.

Dans d'autres cas, le sous-sol est constitué par de l'argile plus compacte, et, en général, peu favorable à la vigne, ou par des marnes plus ou moins calcaires, où la vigne ne prospère pas.

On trouve encore des sous-sols de sable gras, grave empâtée dans une argile très ferrugineuse.

Enfin, un sous-sol bien caractéristique dans cette région, fréquent surtout dans la partie qui avoisine la lande, c'est l'*alios*, roche formée de petits graviers de sable, souvent ferrugineux, réunis fortement entre eux par un ciment de matière organique. Lorsque cette roche n'est qu'à une faible profondeur, la vigne ne saurait prospérer, à moins qu'on ait procédé à des défoncements, qui sont d'autant plus coûteux que cette roche forme une masse très compacte.

Cépages. — Les cépages les plus répandus dans le Médoc sont les cabernets, le merlot et le malbec. Les premiers sont les plus estimés, car c'est surtout à eux qu'est dû le bouquet des vins; le cabernet-sauvignon est de beaucoup le plus cultivé; il réussit bien dans les sols graveleux de la région; il a, en outre, l'avantage d'être peu sujet à la coulure, à la pourriture du grain et au mildew. Il fournit un vin de couleur vive, mais peu intense. Par le vieillissement, le vin perd de la dureté qu'il avait au début et acquiert une finesse et un bouquet remarquables. On le cultive généralement en mélange avec les autres cépages, pour lui donner plus de couleur et de moelleux. Cependant on l'emploie quelquefois seul, comme dans le vignoble de Mouton-Rothschild, qui est, parmi les deuxièmes crus, un des plus appréciés.

Le merlot fournit un vin moelleux et bouqueté, inférieur comme finesse au vin de cabernet, et ne gagnant pas autant par le vieillissement; ce cépage est productif, mais très sensible à la pourriture, à l'anthracnose et au mildew, ce qui en abaisse souvent le rendement.

Quant au malbec, il est inférieur aux précédents, ayant moins de corps, de finesse et de bouquet, mais il apporte de la couleur. Quand les années sont favorables, il produit beaucoup, mais il est très sensible à la gelée, au mildew, et particulièrement à la coulure; il résiste, par contre, assez bien à l'oïdium et à l'anthracnose.

Ces trois cépages sont généralement associés dans des proportions variables, le cabernet-sauvignon étant dominant. Chacun d'eux a des qualités propres qui s'ajoutent et se complètent pour former les crus renommés du Médoc.

Le verdot n'entre que rarement dans ce mélange constituant les vins fins; il est spécial aux terres d'alluvions qui produisent des vins ordinaires.

Plantations. — Lorsqu'on veut constituer un vignoble, on fait précéder les plantations d'un certain nombre d'opérations destinées à en assurer le succès. C'est ainsi qu'après avoir réglé les pentes pour faciliter l'écoulement de l'eau, on recouvre le sol, sur une épaisseur de 0 m. 10 à 0 m. 20 environ, de terres d'amendements prises dans les alluvions du bord du fleuve, et de plantes coupées dans les landes, bruyères, fougères, ajoncs, etc., généralement appelées *bruc*. Cet apport de terres et de débris végétaux est surtout jugé utile dans les sols graveleux, où on l'emploie très fréquemment; dans les palus, ou terres d'alluvions, qui sont riches par elles-mêmes, cette opération n'est pas nécessaire.

On pratique ensuite un défoncement profond, ou *chambert*, ou renversement, à 0 m. 50 et quelquefois jusqu'à près de 1 mètre lorsqu'on rencontre l'alios, que l'on brise pour permettre aux racines d'y pénétrer. Les amendements, dont on a au préalable recouvert le sol, sont enfouis par le défoncement à une profondeur d'environ 0 m. 50. Ces défoncements se font dans le courant de l'hiver ou au commencement du printemps, à bras d'homme le plus souvent, à l'aide d'une pioche; on emploie également des charrues défonceuses.

Au premier printemps on fait les plantations. On trace d'abord au moyen du cordeau les rangs de vignes, et tous les mètres on plante un carasson qui doit marquer l'emplacement du pied. On creuse alors un trou de 0 m. 35 à 0 m. 40 de côté et de 0 m. 30 à 0 m. 40 de profondeur qu'on remplit de compost.

Le Médoc a conservé la plus grande partie des vieilles vignes françaises qui ont fait sa réputation à l'aide de traitements insecticides judicieusement appliqués, et dont nous parlerons plus loin. C'est surtout dans les vignobles producteurs des grands crus qu'on s'est attaché à la conservation des vignes, dans l'incertitude des qualités que fourniraient les vignes greffées sur racines américaines.

Les plantations faites dans les palus que l'on peut submerger sont faites également en plants français.

Cependant, à l'heure actuelle, là où la vieille vigne n'a pas été suffisamment défendue et où, par suite, elle est venue à péricliter ou à disparaître, elle a été souvent remplacée par les mêmes cépages, greffés sur des racines américaines. On n'est pas encore absolument fixé sur l'effet que peut avoir, sur la qualité des grands vins, le remplacement de la vigne française par des plants greffés; mais il n'en est pas moins vrai que ce remplacement devient de plus en plus fréquent, tout au moins dans les crus de valeur secondaire, et cela surtout à la suite de la sécheresse de l'année 1893, qui a considérablement favorisé le développement du phylloxéra. Les vignes françaises qui n'étaient pas suffisamment défendues, ou que leur situation et la nature du terrain exposaient davantage aux ravages du phylloxéra ont été gravement atteintes.

Nous avons donc, pour la replantation des vignobles, à envisager les deux cas de l'emploi de plants francs de pied et de celui des plants greffés sur racines américaines. Dans les deux cas, la préparation préalable du sol, telle que nous l'avons indiquée, est la même.

Lorsqu'on plante avec les premiers, on se sert de boutures de 0 m. 50 environ de longueur, prélevées sur les meilleurs plants; on les place verticalement dans le trou, pratiqué comme il a été dit plus haut, en les courbant légèrement au fond. On laisse sortir environ 0 m. 10, soit deux yeux, quelquefois trois. Le jeune plant pousse dès le printemps; on lui donne les sarclages et les labours nécessaires. L'hiver suivant, on taille la bouture en ne laissant qu'un courson à deux yeux ou côt de 0 m. 015 de longueur, en le choisissant sur le bois le mieux développé. Cette taille a lieu en février-mars. On donne ensuite les façons comme précédemment. En février suivant, on taille de nouveau, et à l'automne de la même année, c'est-à-dire la troisième année de la plantation, la jeune plante fournit sa première récolte, d'ailleurs très faible.

Pour les remplacements des manquants, on emploie des plants racinés en pépinière; quelquefois aussi ces remplacements sont opérés par provignage.

Lorsqu'on veut faire une plantation avec des racines américaines, on se sert généralement de plants greffés et racinés en pépinière, qu'on plante, à la manière ordinaire, en février ou mars, après avoir *rafraîchi* les racines, c'est-à-dire après en avoir coupé les extrémités. Dès la deuxième année après la plantation, on obtient un commencement de récolte.

Quelquefois aussi, au lieu de faire développer les greffes en pépinière, on les met directement en place aussitôt la greffe faite. Mais, comme dans ce cas on ne peut compter sur la réussite de toutes les boutures greffées, on a l'habitude d'en mettre deux à la place que doit occuper un pied; on a donc des chances d'en voir au moins une se développer; là où les deux se développent, on enlève l'une d'elles qui sert au remplacement des manquants. On supprime ainsi le passage par la pépinière, et, dès la troisième année, on a un commencement de récolte.

Contrairement à ce qui se fait dans le Midi, on greffe rarement sur place les pieds américains.

Les manquants se remplacent par des plants greffés tirés de la pépinière.

Les soins à donner ultérieurement aux vignes qui sont en production normale sont d'ailleurs les mêmes, qu'il s'agisse de plants français ou de vignes greffées.

Taille. — La taille se pratique soit à l'aide d'une serpette, soit à l'aide d'un sécateur, et s'opère de la façon suivante : la première et la deuxième année, on taille sur deux yeux; la troisième année, on *anche* la vigne, c'est-à-dire qu'on laisse deux bras aux pieds les plus vigoureux; on attend pour cette opération la quatrième année quand les pieds sont plus faibles et dans les terrains maigres. Le corps du cep a environ 0 m. 15 de hauteur.

On établit alors le système des lattes ou des fils de fer.

A chaque tronc se trouve un piquet de châtaignier, de pin ou d'acacia, de 0 m. 65 environ de longueur, et sortant du sol de 0 m. 40. A la partie supérieure de ces piquets, appelés carassons, sont fixées de minces tiges de pin, portant le nom de lattes; dans beaucoup de vignobles, on remplace ces lattes par des fils de fer.

Les vignes conduites, suivant leur situation, en souches basses ou moyennes, sont établies ainsi en espaliers formant des plans verticaux et parallèles entre eux.

Chaque année, au moment de la taille, on laisse sur chaque bras : 1° un *aste* ou long bois qui est la branche à fruit, à laquelle on donne 0 m. 35 de longueur, en laissant les deux ou trois yeux les plus rapprochés de la souche; 2° un courson à deux yeux, appelé *côt* de retour, sur lequel on prend l'année suivante les nouveaux astes; on lui substitue quelquefois des *tirants*, rameaux verticaux assez longs pour être fixés aux traverses des palissades et que l'on coupe à deux yeux. On fait en sorte que toutes ces branches prennent la direction des lattes, pour n'être pas endommagées par les labours.

Dans certains vignobles, on pratique aussi la taille d'après le système de M. Dezeimeris, en faisant la taille dans le nœud, conservant, pendant deux ans, le tronçon protecteur formant chicot et, enfin, en coupant toujours au-dessus du bourrelet, au lieu de couper ras comme d'habitude. C'est une amélioration notable, en ce sens qu'elle protège le cep contre la névrose des tissus, qui se produit généralement lorsqu'on coupe à ras.

Aussitôt la taille finie, on opère le *pliage* en arc de cercle des astes et leur liage aux lattes ou aux fils de fer.

Citons ici une pratique que l'on effectue parfois, au moment de la floraison, pour diminuer dans une certaine mesure la coulure : c'est l'incision annulaire qui consiste à enlever, à la base des rameaux fructifères, un anneau d'écorce d'un demi-centimètre de largeur. A côté des avantages qu'elle peut présenter, elle a quelques inconvénients qui en ont empêché la généralisation; aussi n'est-elle pas effectuée dans tous les vignobles.

Culture de la vigne. — Pour passer rapidement en revue les principales opérations culturales auxquelles sont soumises les vignes du Médoc, supposons les vendanges terminées; aussitôt après, dans le courant d'octobre, si les pluies n'ont pas trop mouillé le sol, on procède aux traitements insecticides d'automne. Quand les terres sont trop mouillées dans cette saison, ces traitements sont reportés au printemps suivant et se continuent souvent jusqu'en été. Nous parlerons plus loin de ces opérations.

En automne aussi, on recoupe les composts, en y introduisant les râpes et les marcs de vendange.

On enlève des terres le chiendent, et l'on gratte les mousses qui couvrent les vieux ceps.

On commence la taille vers le 10 ou 15 novembre, et on la continue pendant l'hiver.

On profite des froids pour faire les transports des composts et des fumiers dans les vignes et, là où c'est utile, les transports au milieu des règes de la terre enlevée de la vigne après deux ou trois ans de culture, par la charrue ou par les eaux; ces terres se sont accumulées dans les allées d'écoulement ou capvirades qui servent en même temps de chemins de transport et de tournants pour les animaux de labour.

Le remplacement des carassons, l'échalassement, le badigeonnage des souches contre l'anthracnose se font à la même époque; ce traitement se fait à l'aide d'une brosse, en employant une solution de sulfate de fer à 50 p. 100.

Ces travaux d'hiver se continuent jusqu'à la fin de février ou le commencement de mars, de même que le remplacement des pieds manquants par provignage ou par plants enracinés.

En mars commencent des labours. On donne généralement quatre façons : le premier labour est effectué à l'aide d'une charrue spéciale, dite *cabat*, qui ouvre ou déchausse la vigne; ce travail est complété par l'enlèvement à la main de la terre restée entre les pieds sur chaque rège et formant ce qu'on appelle les *cavaillons*, que des femmes, à l'aide d'une sorte de houe, rejettent sur le billon.

Le deuxième labour est opéré aussitôt après, dans le mois d'avril, et d'une façon inverse, c'est-à-dire qu'à l'aide d'une autre charrue, dite *courbe*, la terre écartée précédemment est ramenée sur les lignes et rechausse la vigne.

La troisième façon (mai) est opérée comme la première, c'est un déchaussement avant la floraison.

Enfin la quatrième (fin juin) est un rechaussement, après la floraison. A cette époque, des femmes creusent la terre sous les grappes qui touchent le sol et font les sarclages nécessaires pour enlever les mauvaises herbes.

A partir d'avril commencent les traitements insecticides; le premier soufrage contre l'oïdium, sur la première feuille de la vigne; puis, vers le 25 mai, le deuxième soufrage, un peu avant la floraison; le premier soufrage est ordinairement opéré à la sablette, cône percé de trous; le deuxième et le troisième, qui sont souvent utiles, se font au soufflet.

En juin, et jusqu'à une époque d'autant plus rapprochée de la vendange que l'été est plus humide et que le mildew est plus à craindre, ont lieu les traitements à la bouillie bordelaise, à l'aide de pulvérisateurs portés à dos d'homme; on en fait deux ou trois. Il arrive quelquefois, comme en 1894, où les traitements ont été négligés en été, que des temps chauds et orageux provoquent en automne une recrudescence de la maladie, qu'il faut alors combattre par de nouvelles applications de bouillie.

Les traitements à la bouillie bordelaise se font avec une concentration qui varie suivant les vignobles. C'est ainsi que nous avons vu employées les proportions suivantes :

		PAR HECTOLITRE.
Château-Latour	Sulfate de cuivre	2k 66
	Chaux	2 66
Château-Beau-Site	Sulfate de cuivre	6 00
	Chaux	6 00
Château-Loudenne	Sulfate de cuivre	1 77
	Chaux	0 88

La formule de Château-Beau-Site est de beaucoup plus concentrée que les précédentes. Les unes et les autres donnent de bons résultats, quand les applications sont faites en temps utile.

Dans le Médoc, on emploie fréquemment aussi, pour combattre les maladies cryptogamiques, des mélanges pulvérulents dans lesquels entrent du soufre sublimé ou trituré, du sulfate de cuivre et du sulfate de fer desséchés, ainsi que des matières pulvérulentes et inertes; les applications de ces poudres se font comme les soufrages. Si leur efficacité était aussi grande que celle des traitements isolés, ce que certains viticulteurs affirment, elles auraient l'avantage d'une économie de main-d'œuvre, puisqu'une même opération servirait à combattre au moins deux maladies : l'oïdium et le mildew.

Mais, d'un autre côté, le viticulteur opérant avec ce mélange complexe n'a pas la même garantie dans l'achat que quand il s'adresse à des produits isolés, tels que le soufre et le sulfate de cuivre, substances qu'il achète en nature.

Traitements contre le phylloxéra. — Comme nous l'avons dit au début de cette étude, le Médoc s'est défendu avec succès contre le phylloxéra, grâce à l'application raisonnée et régulière des insecticides.

C'est le sulfure de carbone qui a été là, comme partout ailleurs, l'insecticide par excellence. Après des études longtemps poursuivies, on a fixé les modes les plus avantageux de son emploi dans les diverses conditions déterminées par la nature et le relief du sol, l'état de la vigne et en tenant compte des conditions économiques du milieu.

Le sulfure de carbone s'emploie non seulement à l'état libre, mais encore en combinaison avec le sulfure de potassium, formant ainsi le sulfocarbonate de potassium, auquel le Médoc s'est adressé de préférence, en raison des résultats qu'on en obtient pour le maintien des vignes. Le sulfocarbonate de potassium, dont l'emploi a été préconisé par l'illustre J.-B. Dumas, est en effet le produit auquel la région du Médoc doit d'avoir conservé ses crus renommés, et, en raison du rôle qu'a joué cet insecticide, nous devons insister sur la manière dont il est appliqué.

Nous étudierons également l'application du sulfure de carbone, soit en nature, soit en mélange avec des matières huileuses, soit en dissolution dans l'eau.

Il existe encore en France de grandes surfaces où la vieille vigne a été plus ou moins conservée et qu'on a intérêt à défendre. Là où on la laisse périr, on doit faire de grands sacrifices pour la reconstitution par des plants greffés, dont la réussite n'est pas toujours certaine et qui peuvent compromettre le maintien de la qualité lorsqu'il s'agit de vins.

Traitements au sulfocarbonate de potassium. — Ce produit, qui contient ordinairement 17 à 20 p. 100 de sulfure de carbone et 17 à 20 p. 100 de potasse, se présente sous la forme d'un liquide jaune orangé plus ou moins foncé.

Pour l'introduire dans le sol, on le dilue dans une très grande quantité d'eau, formant ainsi une solution étendue qu'on verse au pied des souches. Cette solution pénètre dans le sol et y occupe un cube considérable. Elle arrive directement au contact de la plus grande partie du système radiculaire et atteint, en les mouillant, les insectes qui s'y trouvent. La dilution de cette solution est telle que l'action sur l'insecte est encore mortelle, mais que la racine de la vigne n'en souffre nullement.

La solution tue les insectes avec lesquels elle est mise en contact direct; en outre, le sulfocarbonate se décompose au contact de l'acide carbonique de l'air, en laissant dégager à l'état gazeux du sulfure de carbone et de l'hydrogène sulfuré qui, tous les deux, sont doués de propriétés insecticides et qui, se répandant dans les interstices du sol, peuvent exercer leur action à une certaine distance.

Grâce à sa disposition topographique et à la nature de ses terres, la région des grands crus du Médoc est une des parties du vignoble girondin qui se prête le mieux aux traitements par les substances antiphylloxériques ayant l'eau pour véhicule. Les croupes plantées de vignes y sont fréquemment coupées par des prairies marécageuses recevant non seulement les eaux d'égouttement des vignobles, mais surtout celles, beaucoup plus abondantes, provenant du plateau des Landes. Pour assainir ces prairies, on a créé de nombreux petits canaux dans lesquels on peut puiser l'eau nécessaire aux traitements; il est rare que la distance entre ces canaux et les vignes à traiter les plus éloignées soit supérieure à 2 kilomètres.

Par leur nature graveleuse, les terres des vignobles laissent passer les eaux pluviales très facilement, c'est encore là une circonstance très avantageuse pour la réussite des traitements au sulfocarbonate. Ceux-ci ne doivent en effet pas être appliqués lorsque les terres sont mouillées; si elles l'étaient, d'une part, la pénétration des solutions insecticides serait ralentie et elles seraient partiellement décomposées au contact de l'air; d'autre part, la solution se trouverait diluée par l'eau dont le sol est imprégné, au point de perdre son effet insecticide. C'est à ces causes qu'il faut attribuer l'abandon des traitements au sulfocarbonate dans les régions où les terres sont très compactes et argileuses. L'excès contraire, c'est-à-dire une sécheresse extrême, n'est pas non plus une circonstance favorable aux traitements, car la solution insecticide se localise, étant entièrement absorbée par un faible cube de terre, dont la partie imprégnée est ainsi réduite; on ne défend guère alors que les radicelles les plus rapprochées du collet.

C'est lorsque les terres sont simplement ressuyées que les traitements ont le plus d'efficacité. L'absorption de la solution se fait parfaitement, et celle-ci s'étend par capillarité dans un cube de terre assez grand pour atteindre la majeure partie des racines phylloxérées.

D'après ce qui précède, il est facile de comprendre que l'époque des traitements est subordonnée aux conditions climatologiques, mais cependant on les applique principalement aux périodes suivantes :

1° Aussitôt après les vendanges, avant les grands froids : ce sont les traitements d'automne;

2° Au printemps, afin de profiter de la façon de déchaussage pour la confection des cuvettes;

3° Quelquefois en été, pour les faire servir en même temps à l'arrosage.

Les traitements au sulfocarbonate nécessitent la confection d'une cuvette au pied de chaque cep de vigne. On fait cette opération de la façon suivante : avec la charrue on déchausse la vigne et l'on forme ainsi un long bâtardeau entre chaque rang de ceps. Ensuite, des hommes, à l'aide d'un instrument spécial appelé *cercle*, sorte de houe, enlèvent la partie de terre que la charrue n'a pu ôter entre chaque pied et forment, en travers du rang, séparant ainsi chaque pied, de nouveaux bâtardeaux qui se relient à ceux formés par la charrue. De cette facon, on obtient au pied des ceps, ceux-ci étant au centre, des cuvettes carrées ou rectangulaires, toutes mitoyennes.

Quand la surface du vignoble est plane, les bâtardeaux n'ont guère plus de 15 centimètres de hauteur. Lorsqu'au contraire le vignoble est en pente, pour que le fond de la cuvette soit horizontal, on creuse, avec le cercle, du côté le plus élevé de la pente, et l'on place les bâtardeaux tout à fait au pied des ceps et du côté opposé.

La façon, pour la confection des cuvettes, coûte en terrain plat 3 francs les 1,000 pieds, et en pente, 5 francs, soit de 30 à 50 francs l'hectare.

En Médoc, on n'a que rarement affaire à des vignes en pentes sensibles et le chiffre de 30 francs est le plus général.

L'eau qui doit servir aux traitements est refoulée, à l'aide de pompes locomobiles très puissantes, dans des canalisations mobiles en tôle galvanisée de 7 à 8 centimètres de diamètre. A l'aide de branchements, l'eau est conduite dans les vignobles à traiter. Sur ces branchements sont ménagées des prises auxquelles on adapte des tuyaux en caoutchouc qui amènent l'eau à pied d'œuvre. Celle-ci est mesurée dans des bacs en tôle d'une contenance de 20 litres, et une femme verse, pendant le remplissage des seaux, la dose de sulfocarbonate à employer, mesurée dans des godets en plomb durci. Cette solution est destinée à une souche et versée aussitôt dans la cuvette.

Pour les traitements culturaux, on emploie 60 grammes de sulfocarbonate par pied; dans les graves argileuses très contaminées, la dose est quelquefois portée à 100 grammes.

Le coût de ces opérations est de 120 francs, pour amener l'eau à pied d'œuvre, faire la solution et sa distribution dans les cuvettes (tous frais compris, tels que charbon, main-d'œuvre, etc...) Le sulfocarbonate employé coûte de 35 à 36 francs les 100 kilogrammes, suivant sa richesse.

Le prix de revient total à l'hectare est donc le suivant :

1° Façon des cuvettes	30 francs.
2° Application de l'eau	120
3° Sulfocarbonate de potassium (600 kilogrammes à 35 francs)	210
Total	360 francs

pour les 10,000 pieds représentant un hectare.

Traitements au sulfure de carbone dilué. — Dans le cas de traitements au sulfure de carbone dissous dans l'eau, on prépare les cuvettes de la même façon, mais le sulfure est introduit automatiquement dans les conduites d'eau à la dose de 0gr 6 à 0gr 8 par litre d'eau, soit à raison de 12 à 16 grammes par pied, dilués dans 20 litres d'eau, ce qui représente 120 à 160 kilogrammes de sulfure à l'hectare.

Le prix de revient est alors de :

1° Cuvettes	30 francs.
2° Application de l'eau	120
3° Location de l'appareil doseur	51
4° Sulfure (160 kilogrammes en moyenne à 35 francs)	49
Total	250 francs.

Les traitements au sulfure de carbone dilué reviennent donc moins cher que les traitements au sulfocarbonate, mais les résultats qu'ils donnent ne sont pas d'une aussi grande efficacité. En outre, le traitement au sulfocarbonate a l'avantage d'apporter une grande quantité de potasse, soit de 100 à 120 kilogrammes par hectare, ce qui constitue une fumure potassique très intense, dont l'effet sur la vigne est considérable; ce sont donc les traitements au sulfocarbonate qui sont à préférer et si, pour réaliser une certaine économie, les vignerons traitent par le sulfure dissous, ils ne sont pas assurés d'une réussite aussi complète et, en fin de compte, l'opération peut être, au point de vue économique, moins avantageuse.

Traitements au sulfure de carbone et au pal. — Ce mode de traitement, qui est très usité dans les régions avoisinantes, comme le Libournais, l'Entre-deux-Mers, etc., l'est moins dans le Médoc. Cependant, en raison des sacrifices relativement peu élevés qu'il impose, les propriétaires y ont recours, surtout dans les crus moins cotés.

Les résultats qu'il donne au point de vue de la destruction de l'insecte sont assez sensibles, mais son action doit cependant être regardée comme bien inférieure à celle du sulfocarbonate et même à celle du sulfure dissous. La nature du sol et l'état d'humidité dans lequel il se trouve ont une action considérable sur la réussite de ces traitements. Dans les terres légères, surtout quand elles sont bien ressuyées, le sol présente des interstices où les vapeurs du sulfure de carbone peuvent circuler et atteindre le phylloxéra. Mais, quand le sol est compact ou qu'il est trop mouillé, le sulfure de carbone reste localisé à l'endroit où le pal l'a déposé, il ne se diffuse plus et n'atteint les insectes que dans un rayon très restreint. Dans ce cas, le traitement ne donne donc pas le résultat voulu. Il peut même alors devenir nuisible, car, en contact avec les racines de la vigne pendant un temps assez long, il les tue et occasionne souvent de véritables désastres dans les vignobles; il faut, par conséquent, l'appliquer avec discernement dans les sols qui se prêtent à son emploi et en choisissant le moment où la la terre est suffisamment ressuyée.

Les traitements au sulfure de carbone à l'aide du pal sont faits surtout dans les graves légères, sablonneuses, ne s'opposant pas à la diffusion des vapeurs.

L'insecticide est appliqué, à l'aide du pal, dans quatre piqûres par mètre carré. La dose employée est de 6 ou 7 grammes par trou, soit 24 à 28 grammes par pied, soit enfin 240 à 280 kilogrammes par hectare.

Ces injections se font à 15 centimètres de profondeur, aussitôt après les vendanges ou en été. On évite les traitements de printemps, à cause des craintes de perturbations dans la pousse de la vigne, le sulfure de carbone étant un agent très violent.

Le prix de revient est le suivant par hectare :

1° Application (main-d'œuvre)	30 francs.
2° Sulfure de carbone (en moyenne 260 kilogrammes à 35 francs)	91
TOTAL	121 francs.

Ces trois manières de traiter la vigne peuvent trouver leur application dans les divers cas où sont placés les vignobles du Médoc. Pour les crus qui se vendent un prix élevé, on ne recule pas devant les traitements plus coûteux, mais aussi beaucoup plus efficaces, au sulfocarbonate; pour les crus inférieurs, on cherche souvent l'économie dans les traitements, surtout les années où la récolte a été peu abondante ou bien encore où les prix des vins sont peu élevés.

Submersion. — Dans les parties basses, situées le long de la Garonne et de la Gironde, ainsi que dans les îles, les vignobles de Palus sont traités par la submersion. Ce sont des vignes françaises qui, par cette application d'eau, sont garanties contre les ravages du phylloxéra. La submersion, outre ce résultat incontesté, a l'avantage d'opérer un véritable colmatage, les eaux très limoneuses déposant, pendant leur séjour dans la vigne, les particules fines et fertilisantes qu'elles tenaient en suspension.

C'est surtout sur les surfaces planes que cette pratique réussit, mais on peut l'appliquer aussi lorsque la pente n'est pas considérable.

Elle consiste à entourer le vignoble de digues en terre plus ou moins élevées, d'environ 1 mètre, suivant la disposition des lieux. C'est une dépense de premier établissement qui est assez importante.

L'eau est puisée dans le fleuve à l'aide de machines puissantes et amenée dans le vignoble par des tuyaux en ciment.

On commence ordinairement ce traitement à la fin d'octobre; il faut huit à douze jours pour arriver à l'épaisseur d'eau voulue, soit o m. 30 à o m. 40, qu'on maintient ensuite pendant quarante jours consécutifs, en continuant à pomper.

On peut admettre que les frais de ce traitement sont les suivants, en prenant pour base du calcul un vignoble de 10 hectares :

1° 20 tonnes de charbon à 30 francs la tonne	600 francs.
2° Graissage, etc.	40
3° 50 journées de chauffeur à 6 francs	300
Total	940 francs,

soit 94 francs par hectare.

A ce chiffre, il convient d'ajouter ceux qui représentent l'amortissement, soit :

Pour les digues et les canaux d'écoulement	150 francs.
Pour la machine	300
Pour la pompe et le tuyautage	100
Total	550 francs,

soit 55 francs par hectare.

Les frais totaux de la submersion, qui nécessite 50 journées de marche de la machine, sont donc d'environ 150 francs par hectare.

M. J. Lavenir, qui a une si grande compétence dans toutes les questions qui se rattachent aux traitements insecticides, nous a fourni sur ces derniers les renseignements intéressants que nous avons mis à profit et dont nous tenons à le remercier ici.

Vendange et vinification. — Les vendanges ont lieu généralement dans la dernière quinzaine de septembre, plus rarement en octobre. Elles durent de quinze jours à trois semaines environ. On y emploie des vendangeurs du pays et en outre des ouvriers étrangers à la région et qui viennent principalement de la Saintonge; ils débarquent de leurs gabares à Pauillac, d'où ils sont conduits dans les vignobles des environs sur des charrettes à bœufs. Ils sont dirigés par un chef qui a seul traité avec le propriétaire.

La réunion des vendangeurs en équipes est désignée sous le nom de *manœuvre*. Elle comprend : 1° des coupeurs (généralement femmes et enfants), qui coupent le raisin et le placent dans des paniers en bois pouvant en contenir environ 10 kilogrammes; 2° des *porte-hottes* qui portent sur leur dos des hottes de 50 litres environ de capacité, dans lesquelles les coupeurs vident le raisin que ces porteurs vont décharger dans les cuves ou douils placés sur des charrettes; 3° des surveillants ou *commandants*. Suivant l'abondance de la récolte, il y a, en général, 1 porte-hotte pour 4 ou 6 coupeurs.

Quant aux surveillants, que l'on reconnaît aux longs bâtons qu'ils tiennent à la main, il y en a 1 pour 6 à 10 règes ou rangs de vignes. Ils veillent à ce que les coupeurs ne mettent pas dans la vendange les raisins non mûrs ou pourris, à ce qu'ils ne laissent pas de grappe sur les souches, à ce qu'ils ramassent les grains tombés et n'introduisent dans les paniers aucun corps étranger tel que feuilles, etc... En général, ce sont les ouvriers de l'exploitation qui sont chargés de cette surveillance.

Dans les années pluvieuses, ou à la suite de grêle survenue avant la vendange, le plus grand soin est apporté au triage des raisins, surtout dans les vignobles où l'on cherche à obtenir le plus de qualité.

Autrefois, les coupeurs versaient le raisin dans un panier que portait un ouvrier dit *vide-panier*, lequel vidait ensuite les raisins dans une *baste*, sorte de baquet en bois de 25 litres de capacité; un autre ouvrier était chargé de fouler légèrement le raisin. Des hommes chargeaient sur leurs épaules ou sur leur dos ces bastes et les déversaient dans les douils. Aujourd'hui, en Médoc, on emploie de préférence les hottes comme nous l'avons indiqué précédemment.

Le raisin est amené au cuvier sur des charrettes traînées par des bœufs ou par des chevaux.

Les cuviers sont de deux sortes. Les plus anciens sont disposés de la façon suivante : sur un des côtés du bâtiment, qui ne comprend qu'un rez-de-chaussée, sont ouvertes deux ou trois larges croisées par lesquelles on introduit la vendange sur une plate-forme contenant l'égrappoir et le pressoir. Du côté opposé sont rangées les cuves, d'une capacité variable, le plus souvent de 10 tonneaux, soit 90 hectolitres, établies à environ 0 m. 70 du sol. Par les croisées on décharge les douils remplis de vendange et celle-ci, égrappée et foulée, est versée, à l'aide de comportes, à la partie supérieure des cuves, à laquelle on accède par une large échelle mobile.

Dans les cuviers de construction plus récente, il y a un premier étage. Au rez-de-chaussée se trouvent les cuves, au-dessus est établi un plancher sur lequel peuvent glisser sur des rails, des plates-formes mobiles où sont installés l'égrappoir ou le fouloir. Par une large croisée du premier étage, les douils sont élevés à l'aide d'une grue, vidés sur ces plates-formes que l'on amène au-dessus de la cuve à remplir. Le moût et le raisin foulé tombent directement dans la cuve; la main-d'œuvre est ainsi notablement réduite.

Ce nouveau genre de cuvier est d'une installation plus coûteuse et la surveillance y est moins facile. Aussi beaucoup de grandes exploitations ont-elles conservé ou font-elles encore construire leurs cuviers suivant l'ancien modèle. C'est, par exemple, le cas dans quelques-uns des crus les plus renommés, tels que Château-Latour, Château-Lafite, etc.

Égrappage. — La séparation des grains d'avec les rafles ou grappes, ou queues, s'opère d'une façon générale en Médoc, dans le but de donner au vin plus de moelleux et de finesse. La grappe, en effet, surtout celle des cépages du Médoc, contient des principes très âpres, mal connus encore, qui participent de la nature du tannin et qui donneraient au vin une âpreté qu'on cherche à éviter. La pellicule du grain de raisin contient d'ailleurs, dans le Médoc, une quantité de principes astringents suffisante pour assurer la bonne tenue des vins.

L'égrappage se fait soit à la main, soit à l'égrappoir mécanique.

Quand on opère à la main, l'égrappoir est une sorte de grand cadre rectangulaire d'environ 2 m. 25 de long sur 1 m. 15 de large et 0 m. 30 de profondeur. A environ 0 m. 20 du rebord supérieur se trouve un grillage, ou tamis, formé de baguettes en bois ou en fer, arrondies en demi-cercle; les mailles ont environ 1 centimètre 1/2 de côté pour pouvoir laisser passer les grains. Ce cadre repose sur quatre pieds de 1 mètre et présente la forme d'une table. La vendange qui vient d'être vidée sur la plate-forme où sont placés l'égrappoir et le pressoir, est versée à la pelle sur le tamis rectangulaire autour duquel six hommes, trois de chaque côté, agitent le raisin à la main ou à l'aide de petits râteaux en bois. Le tamis retient les grappes que les deux ouvriers les plus rapprochés du pressoir jettent sur ce dernier, où elles sont tassées et exprimées quand il y en a suffisamment. Le moût retiré de cette expression est ajouté à la cuve, c'est en effet le liquide provenant des grains et non celui que contient la grappe et que la pression ne peut faire sortir.

Quant à la vendange égrappée, elle est quelquefois triée de nouveau pour enlever les parcelles de rafles qui ont pu traverser l'égrappoir, ensuite elle est foulée aux pieds et portée dans les cuves à l'aide de comportes; quelquefois aussi on ne foule pas.

Dans l'emploi de l'égrappoir mécanique, le raisin est versé dans une trémie, s'engage entre deux rouleaux assez espacés pour n'opérer qu'un léger foulage et tombe dans une auge en tôle percée de trous, dans laquelle se meuvent deux palettes; la grappe est séparée des grains qui, ayant traversé les trous, sont déversés dans la cuve. Les grappes sont amenées par une vis sans fin à l'extrémité de l'appareil, d'où elles sont jetées dans le pressoir, qui est le plus souvent un pressoir Mabille.

Les cuves qui reçoivent la vendange ont été au préalable nettoyées avec soin et souvent épongées avec de l'eau-de-vie. On les remplit aux trois quarts; elles sont généralement munies d'un couvercle qu'on lute avec du plâtre. A la partie supérieure, un siphon, débouchant dans un vase contenant de l'eau, permet le dégagement de l'acide carbonique. La fermentation s'accomplit ainsi à l'abri de l'air et on n'a pas à craindre l'acétification du chapeau. A la partie inférieure, pour éviter que les râpes n'obstruent le robinet, on fixe au fond de la cuve, devant ce robinet, un grillage en bois ou un paquet de sarment, ou un balai, formant tamis.

Quelquefois aussi on opère la vinification dans des cuves ouvertes, il faut alors des précautions spéciales pour empêcher le chapeau de s'aigrir; dans ce cas, à l'aide d'un treillage immergé et arc-bouté aux solives du toit, on maintient le chapeau recouvert de moût, ou bien on se contente d'enfoncer le chapeau tous les jours à l'aide d'une batte percée de trous. Dans ce dernier cas, il faut avoir soin, avant l'écoulage, de vérifier si la partie supérieure du chapeau n'est pas aigrie et enlever à la main celle qui le serait.

La fermentation commence, suivant l'état de maturité de la vendange et surtout suivant la température, le 1er, le 2e ou le 3e jour. L'époque des écoulages varie beaucoup d'une année à l'autre, suivant l'époque à laquelle la récolte a été faite, la température pendant la cuvaison, la maturité de la vendange, la nature des cépages, etc. On laisse cuver depuis une semaine jusqu'à quatre ou cinq semaines; généralement on soutire trois semaines après la vendange. En 1894, l'écoulage n'a été commencé que quatre à cinq semaines après la mise en cuves, à cause du refroidissement de la température à l'époque tardive à laquelle la vendange a été faite. Le refroidissement du vin, la dégustation, indiquent le moment opportun.

On fait écouler le vin par un robinet placé à la partie inférieure de la cuve dans un grand vase en bois appelé gargouille, sur lequel repose un tamis qui empêche les grains et les pépins de passer.

On le transvase, soit à l'aide de comportes, soit à l'aide de pompes, dans des barriques neuves, lavées à l'eau-de-vie, de 225 litres, dites *barriques bordelaises*, généralement en bois de chêne. Ces barriques sont rangées dans le chai sur des traverses en bois appelées tins; elles restent débondées ou simplement bouchées par une feuille de vigne ou de figuier jusqu'à complète fermentation; après quoi on met la bonde, sans l'enfoncer, pour que les gaz puissent se dégager. Pendant les premiers mois, on maintient les barriques constamment pleines par l'ouillage, qu'on fait une ou deux fois par semaine. Au bout de quelques mois, les ouillages sont plus espacés. Environ quatre mois après la mise en barriques a lieu un premier soutirage qui sépare le vin de sa lie. On transvase le vin d'une barrique dans une autre, que l'on a préablement rincée et soufrée en y faisant brûler un bout de mèche de soufre.

Généralement, on fait de même un deuxième soutirage au moment de la floraison de la vigne, puis un troisième en octobre. A la fin de cette première année, on opère un collage, dans le but de clarifier les vins et de hâter l'époque de leur mise en bouteille; on se sert à cet effet de blancs d'œufs (6 à 8 par barrique); on agite le liquide, soit à l'aide d'un bâton, soit à l'aide d'un instrument spécial appelé fouet, d'où le nom de *fouettage* appliqué à l'opération.

On emploie aussi, mais plus rarement, la gélatine ou des poudres albumineuses. Après dissolution de ces substances, le collage s'opère de la même façon que précédemment.

Les barriques sont alors mises bonde de côté, c'est-à-dire qu'elles sont placées de telle sorte que la bonde ne se trouve plus à la partie supérieure, mais sur le côté, pour interrompre toute communication avec l'air.

Après le collage et la mise bonde de côté, l'ouillage n'est plus pratiqué.

On opère pendant la deuxième année trois soutirages; après quoi, les vins peuvent être mis en bouteilles vers le mois de mars suivant, c'est-à-dire deux ans et demi après la récolte; un mois environ auparavant, on leur fait subir un nouveau et dernier collage.

La mise en bouteilles demande de grands soins, surtout pour la propreté et la siccité des bouteilles, le choix des bouchons, etc. On n'a plus alors qu'à laisser vieillir.

On sépare ordinairement le vin en plusieurs qualités. Les plus vieilles vignes et celles qui sont situées dans les sols les mieux exposés et les plus caillouteux donnent les vins les plus fins; les propriétaires en font ce qu'on appelle le premier vin ou grand vin.

Les vignes plus jeunes ou moins bien situées donnent le deuxième vin.

Avec les fonds de cuve on fait le troisième vin.

Enfin, de l'expression des marcs on retire le vin de presse, qui sert aux ouillages ou à la consommation du personnel.

On fait, avec les marcs exprimés, une piquette assez légère qu'on distribue aux ouvriers qui ont droit à la boisson.

Fumures. — Les fumures employées en Médoc sont de diverses sortes.

On fait un grand usage de composts. Ceux-ci sont formés de terres provenant des alluvions de la Gironde, du recurage des fossés, des chemins, de terres des landes, etc..., mélangées avec des fumiers, des feuilles d'arbres, des bruyères, fougères, ajoncs, roseaux, etc...

On y ajoute les râpes et les marcs, les cendres de sarments et quelquefois aussi de la chaux.

Les terres provenant du fleuve ou du recurage des fossés sont préalablement laissées à l'air pendant un ou deux ans.

Ces divers éléments sont mélangés par couches, en proportions variables suivant les domaines. On met à peu près autant ou un peu plus de matériaux terreux que de fumier.

Ces composts sont fabriqués dans le courant de l'été et de l'automne. On les recoupe deux ou trois fois et, après que les diverses couches ont été bien mélangées dans le courant de l'hiver, on les emploie dans les vignes au mois de février ou de mars. Ces produits, par la grande variété des éléments qui les constituent, ont des compositions très diverses. Nous donnons plus loin les résultats de l'analyse de quelques échantillons prélevés dans les vignobles en expérience.

Outre ces composts, que fabriquent toutes les exploitations, il est fait un grand usage des bourriers de ville ou gadoues de Bordeaux, auxquels on a fréquemment recours à cause de la proximité de cette ville et de la facilité des transports. Le Médoc, en effet, est privilégié sous ce rapport : situé sur le bord du fleuve avec des ports nombreux, il peut ainsi recevoir les fumures ou écouler ses produits par voie d'eau; d'ailleurs, il est traversé dans toute sa longueur par une ligne de chemin de fer, dont les stations sont nombreuses et rapprochées.

Ces gadoues sont des mélanges de détritus de toutes sortes de l'alimentation et de l'industrie, renfermant une quantité considérable de matériaux divers, peu homogènes, variables suivant les époques de l'année et qui sont loin d'avoir une composition constante.

Étudions ces diverses sources de principes fertilisants employés dans le Médoc, en commençant par quelques-unes des matières premières qui servent à la confection des composts.

Terres d'amendements. — Les terres d'amendements qu'on y introduit varient suivant la situation des vignobles; ceux qui sont à proximité de la Gironde emploient principalement pour leurs composts les vases que le fleuve a accumulées sur ses rives; ces vases, essentiellement glaiseuses, ne contiennent pas d'éléments grossiers, mais sont constituées par des particules d'une finesse extrême, très argileuses, que l'eau tenait en suspension.

Dans presque toutes les exploitations, on utilise aussi les curures des fossés qui déversent les eaux provenant des landes; elles sont constituées par les terres diverses plus ou moins argileuses, contenant en proportions variables des débris végétaux qui augmentent leur teneur en azote. Ces matériaux sont recueillis imprégnés d'eau; on les laisse ordinairement se ressuyer et s'effriter par une exposition à l'air de un à deux ans.

On utilise également en grande quantité les terres des landes avoisinantes; ce sont surtout des sables renfermant quelques cailloux siliceux et qui sont riches en débris organiques, provenant des végétations qui s'y étaient développées, bruyères, fougères, ajoncs, etc...

Enfin on rencontre dans les parties basses et humides, par exemple aux environs de Vertheuil, des marais formant de véritables tourbières et remplis d'une terre noire renfermant une proportion considérable de matières organiques, auxquelles elles doivent une richesse exceptionnelle en azote; on les cultive en prairies. Les fossés qui environnent ces marais donnent, par leur curage, des matériaux d'une richesse également très grande, qui en font un précieux adjuvant dans la confection des composts.

Voici quelle est la composition, à l'état sec, de quelques-uns de ces produits que nous avons prélevés dans les vignobles en expérience.

DÉSIGNATION.		POUR 1,000 DE MATIÈRE DESSÉCHÉE À 100°.					
		AZOTE.	ACIDE PHOSPHORIQUE.	POTASSE.	CHAUX.	MAGNÉSIE.	SESQUIOXYDE DE FER.
Terres de lande		1.556	0.218	0.731	1.00	0.486	3.47
Vase de la Gironde		1.030	1.620	4.130	26.60	1.480	Non dosé.
Curure de fossés		1.830	0.880	4.440	25.20	1.510	Non dosé.
Terre noire des marais de Reysson.	Échantillon n° 1..	21.350	3.316	2.346	66.36	0.270	23.13
	Échantillon n° 2..	19.300	2.620	4.600	143.58	0.470	Non dosé.
	Échantillon n° 3..	17.600	2.700	Non dosée.	Non dosée.	Non dosée.	Non dosé.
Curure des fossés avoisinant les marais de Reysson.	Échantillon n° 1..	15.325	1.365	2.873	64.62	0.540	23.13
	Échantillon n° 2..	21.800	1.580	2.900	50.40	0.860	Non dosé.
	Échantillon n° 3..	16.800	1.640	Non dosée.	Non dosée.	Non dosée.	Non dosé.

Ces résultats donnent lieu aux considérations suivantes :

La terre de landes doit aux débris organiques qu'elle renferme une teneur en azote assez élevée, mais, en ce qui concerne les autres principes fertilisants, elle est d'une pauvreté très grande. Elle n'apporte donc que de faibles quantités d'azote aux sols auxquels on l'incorpore et elle est plutôt de nature à modifier la constitution physique du sol que sa composition chimique. Dans les terres trop argileuses, elle peut produire un ameublissement, mais elle ne mérite pas d'être regardée comme un engrais.

Les vases de la Gironde sont d'une richesse peu élevée en azote, mais sont riches en acide phosphorique et surtout en potasse. La grande finesse des éléments qui les composent doit en outre leur faire attribuer une action sur la nature des terres auxquelles elles procurent un élément de cohésion; elles conviennent donc aux terres graveleuses, auxquelles elles apportent de l'engrais en même temps que des particules fines.

Les curures de fossés sont encore plus riches en azote et en potasse, les débris végétaux qu'elles renferment en abondance constituent de l'humus par leur décomposition.

Quant aux terres noires et aux curures des fossés qui les entourent, dont celles du marais de Reysson offrent le type le mieux caractérisé, elles sont d'une richesse extrêmement grande en azote, puisque leur teneur atteint et dépasse même 2 p. 100. Elles contiennent également de l'acide phosphorique et de la potasse en proportion assez forte.

Malgré la grande quantité de matériaux organiques qu'elles renferment à l'état pulvérulent et qui les rend noires et spongieuses, ces terres ne sont pas acides; on voit en effet qu'elles sont assez riches en chaux. Presque toute la chaux est combinée à la matière organique, formant une sorte d'humate; une très faible proportion se trouve à l'état de carbonate. Quant à la quantité de matière organique que renferment ces terres, elle est comparable à celle des tourbes et atteint la proportion de 70 p. 100 de terre sèche.

On ne paraît pas s'être rendu assez compte de l'effet que des terres pareilles peuvent produire dans des sols pauvres, dont elles peuvent modifier la nature par un apport énorme d'azote et de matière humique. Mises en tas, avec des phosphates naturels, elles sont aptes à solubiliser ces derniers; au contact d'autres terres, elles nitrifient et leur azote devient assimilable. Répandues sur les fumiers ou sous les pieds des animaux, elles empêchent la déperdition de l'ammoniaque.

Le rôle de ces terres de marais ne nous semble pas avoir été compris, et nous ne saurions trop appeler l'attention sur leur utilisation.

Les sols de ces marais forment des prairies humides où l'on produit de grandes quantités d'herbes grossières, avec des jones, des carex et des laîches. L'épaisseur de la couche est très grande et l'exploitation de ces sols n'appauvrirait pas la prairie. L'introduction de pareilles terres dans les composts les enrichirait considérablement.

Débris végétaux. — Les diverses terres que nous venons d'étudier forment la base des composts. On y mélange, outre des fumiers et quelquefois des gadoues, des débris végétaux, principalement des plantes coupées dans les landes, auxquelles on donne le nom de *bruc*, et qui sont surtout constituées par des bruyères, des fougères, des ajoncs, des aiguilles de pins, etc. La composition moyenne de ce mélange de végétaux divers, séchés à l'air, tels qu'on les emploie, est la suivante, avec 15 à 20 p. 100 d'eau.

Azote	1.93 p. 100
Acide phosphorique	0.26
Potasse	1.21

Ce produit n'est donc pas très riche, quoiqu'il apporte une certaine quantité d'azote et de potasse; mais on le trouve à proximité et en grande abondance dans la lande qui confine à beaucoup de vignobles et qui occupe d'immenses étendues.

On coupe et on recueille ce bruc le plus souvent pour en faire de la litière pour les animaux de l'exploitation; c'est, sous ce rapport, une ressource précieuse dans une région où la paille de céréales fait défaut; mais souvent aussi on l'introduit directement dans les composts, sans le faire passer sous les pieds des animaux. Ces débris végétaux se décomposent graduellement et forment du terreau.

Fumiers. — Quant aux fumiers produits dans les exploitations, ils sont tantôt employés en nature et tantôt introduits dans les composts.

Dans beaucoup de propriétés, on fait usage de litière de paille, surtout pour les chevaux; mais la litière des landes est plus usuelle; elle est plus particulièrement donnée aux bœufs, qui sont les véritables animaux de travail dans le Médoc.

Les fumiers ont la composition moyenne suivante :

DÉSIGNATION.		PAR 1,000 KILOGRAMMES.	PAR MÈTRE CUBE.
Fumier de cheval..	Azote	5.5	2.2
	Acide phosphorique	3.4	1.4
	Potasse	7.0	2.8
Fumier de vache..	Azote	4.7	2.8
	Acide phosphorique	3.0	1.8
	Potasse	6.0	3.6

Quand ils sont destinés à être employés en nature, on les réunit dans une fosse et on les arrose de purin de temps à autre.

Dans certains vignobles, par exemple dans le vignoble en expérience du Gazin, à Pomerol, on y répand une mince couche de terre pour diminuer autant que possible les déperditions d'azote, ce qui est une pratique très recommandable.

Quelques propriétaires y ajoutent également des phosphates naturels, qui s'y transforment graduellement en devenant plus assimilables.

Composts. — Après avoir passé en revue les divers matériaux qui entrent dans la confection des composts, étudions la composition de ces derniers, que nous avons prélevés dans divers vignobles où l'on en fait un grand usage.

Ces composts, comme nous l'avons vu, sont formés de mélanges en proportions variables de fumier d'étable, des débris végétaux et des diverses terres d'amendements que nous avons précédemment examinés. On y ajoute quelquefois de la pierre à chaux, de la poussière de route, et, en général, toutes sortes de produits. Aussi trouvons-nous dans leur composition de grandes variations au point de vue de leur teneur en principes fertilisants.

Nous en avons prélevé un certain nombre, fabriqués dans les conditions les plus diverses, afin de nous rendre compte des limites entre lesquelles varie leur richesse.

Ces tas de composts, fabriqués plusieurs mois avant l'emploi et soumis à deux ou trois recoupages, nitrifient notablement, et leurs éléments azotés ainsi transformés sont à l'état le plus assimilable. Aussi l'effet de ces composts sur la vigne est-il très sensible, comme d'ailleurs celui de tous les terreaux plus ou moins consommés. Ils sont particulièrement employés pour les plantations, où ils jouent un rôle important.

Voici la composition de ces divers produits, considérés à l'état naturel, c'est-à-dire avec 20 p. 100 d'eau; dans ces conditions, le poids du mètre cube au tas est voisin de 1,300 kilogrammes :

DÉSIGNATION.		POUR 1,000.					
		AZOTE NITRIQUE.	AZOTE TOTAL.	ACIDE PHOSPHORIQUE.	POTASSE.	CHAUX.	MAGNÉSIE.
Compost	de Château-Latour........	0.086	2.744	1.248	4.024	29.344	0.864
	de Château-Lafite.........	0.089	3.344	6.184 (1)	3.752	35.840	0.680
	de Château-Brane-Cantenac.	0.062	1.736	0.768	2.352	10.080	0.648
	de Château-Issan 1893.....	0.042	1.376	1.200	1.688	11.424	0.720
	de Château-Issan 1894.....	0.042	1.416	0.904	2.160	11.200	0.576
	de Château-Beau-Site......	0.071	3.384	1.925	5.848	6.048	0.536
	de Château-Loudenne	0.038	1.696	1.120	3.552	36.288	0.616

(1) Addition de phosphate.

On voit que ces composts ont nitrifié sensiblement. L'azote est en proportion assez élevée, et cela d'autant plus qu'il entre plus de fumier ou de débris végétaux dans le mélange.

L'acide phosphorique est peu abondant, parce que les matériaux qui ont servi à la confection du compost en sont eux-mêmes très pauvres; les terres d'alluvions, les terres des landes, ainsi que les végétaux de ces dernières, sont par leur nature même très peu phosphatés. Ce n'est que lorsqu'on a additionné les composts ou les fumiers de phosphate que nous trouvons cet élément en quantité notable.

La potasse est en assez forte proportion; tous les matériaux en apportent quelque peu.

Tous ces composts jouent un rôle important dans la fumure des vignes du Médoc.

Gadoues ou bourriers de Bordeaux. — Outre les produits locaux dont nous venons de parler, on en utilise d'autres, importés du dehors, et parmi lesquels les gadoues ou bourriers de Bordeaux occupent la première place; la proximité de cette ville, la facilité des transports, permettent d'utiliser ces produits, qu'on voit arriver en grande quantité et qui offrent une ressource précieuse pour les vignobles de la région.

Les bourriers ou gadoues de Bordeaux sont composés, comme tous les produits similaires, des résidus de l'alimentation et de l'industrie humaine; on y trouve des cendres, des épluchures de légumes, du fumier de cheval, des balayures, des écailles d'huîtres, ainsi que des substances inertes, telles que du papier, du verre, de la porcelaine, des ustensiles métalliques, des bouchons, etc. En hiver, les cendres dominent et augmentent sensiblement le taux de potasse.

La teneur en éléments fertilisants est donc variable, ce qui s'explique par la quantité et la diversité des matériaux qui la constituent.

Voici les résultats de l'analyse de gadoues de Bordeaux employées dans deux vignobles différents, et qui ont une teneur moyenne en eau de 30 p. 100 :

DÉSIGNATION.		POUR 1,000.				
		AZOTE.	ACIDE PHOSPHORIQUE.	POTASSE.	CHAUX.	MAGNÉSIE.
Gadoue prélevée	à Saint-Émilion..........	3.64	4.69	6.47	54.04	"
	à Château-Loudenne.......	3.53	3.92	6.47	50.96	0.96

Le poids du mètre cube est d'environ 1,100 kilogrammes.

On n'emploie pas généralement ces gadoues à l'état de gadoues vertes; le plus souvent, on les laisse se transformer par une exposition de quelques mois à l'air, ce qui en fait des gadoues noires, sorte de terreau plus consommé; elles subissent des fermentations et une décomposition qui en rendent les éléments plus assimilables.

Le plus souvent, les gadoues sont employées en nature; plus rarement, on les fait entrer dans les composts.

D'après les analyses qui précèdent, on voit que ces produits ont une composition voisine de celle des fumiers d'étable.

Leur prix d'achat à Bordeaux est de 4 à 6 francs les 1,000 kilogrammes, et les frais de transport à pied d'œuvre sont ordinairement de 2 francs à 3 francs. En moyenne, on peut estimer que ces engrais reviennent à 8 ou 10 francs, y compris les frais d'achat, de transport et d'épandage.

Ils n'apportent pas seulement des substances fertilisantes, mais, par la forte proportion dans laquelle on les emploie, ils modifient le sol en le divisant par les matériaux inertes qu'ils renferment.

Fumiers de champignons. — On utilise aussi, particulièrement dans les environs de Saint-Émilion, des fumiers de cheval qui ont servi pendant quelques mois à la production des champignons, industrie locale assez développée. Ces fumiers, dits *de champignons,* sont vendus généralement à raison de 3 francs le mètre cube. Voici les résultats des analyses de deux échantillons :

DÉSIGNATION.	POUR 1,000.				
	AZOTE.	ACIDE PHOSPHORIQUE.	POTASSE.	CHAUX.	EAU.
Fumier de champignon. 1er échantillon	8.3	6.4	15.4	108.5	421.0
Fumier de champignon. 2e échantillon	7.6	5.9	13.5	99.1	457.0

Ils sont sensiblement plus riches que les fumiers de cheval ordinaires, ce qui tient à ce qu'ils se sont partiellement desséchés.

Outre les divers matériaux que nous avons énumérés, on utilise encore des engrais chimiques, surtout lorsqu'il s'agit de relever des vignes qui ont faibli.

On voit qu'on se sert dans les vignobles du Bordelais, où se produisent des vins si renommés, de matières fertilisantes ayant les origines les plus diverses, et l'on peut dire, comme nous le montrerons plus loin, que c'est à l'aide de fumures abondantes que la vigne est maintenue en végétation et en production, comme elle l'est également dans d'autres régions réputées pour la qualité de leurs vins.

Nous devons examiner le côté économique de l'emploi des divers matériaux fertilisants dans les vignobles de la Gironde.

Quand on utilise les fumiers produits dans l'exploitation, les curures de fossés, les terres d'amendements, etc., il n'y a pas à compter avec le prix d'achat; c'est une question de manutention et de transport, qui peuvent s'effectuer pendant la morte-saison, et qui utilisent alors les ouvriers et les attelages.

Quand on s'adresse, comme on le fait fréquemment, au bruc, c'est-à-dire aux végétaux coupés dans les landes, il y a, en outre, une main-d'œuvre pour le fauchage et le ramassage, et, quand la lande n'appartient pas au propriétaire du vignoble, des frais d'achat.

Mais le produit importé dans le domaine le plus fréquemment, c'est la gadoue de Bordeaux, c'est-à-dire les résidus de l'alimentation de la ville et que nous devons particulièrement étudier au point de vue de l'opportunité de son emploi.

Nous avons vu quelle est la composition moyenne de ce produit; nous pouvons calculer sa valeur argent d'après la proportion des éléments fertilisants qu'elle contient. Nous trouvons en moyenne, pour 1,000 kilogrammes de gadoue :

Azote (3 kilog. 6 à 1 fr. 25 le kilogr.)	4f 50c
Acide phosphorique (4 kilogr. 4 à 30 centimes le kilogr.)	1 32
Potasse (4 kilogr. 5 à 40 centimes le kilogr.)	1 80
Total	7f 62c

Les prix de l'unité d'azote, d'acide phosphorique et de potasse sont établis d'après les cours des engrais relativement peu assimilables, comme le sont les gadoues.

On voit qu'en réalité ces produits rendus à pied d'œuvre sont payés à un prix supérieur à leur valeur réelle, soit 8 francs à 10 francs la tonne au lieu de 7 fr. 62. Il est vrai qu'ils servent également d'amendements, modifiant le sol par l'humus et les matériaux grossiers qu'ils apportent, mais cette dernière considération ne saurait se traduire en valeur vénale.

En présence de cette situation, on peut se demander si des engrais chimiques ne donneraient pas plus de résultats avec moins de frais. Mais avant d'entrer dans cette voie, les propriétaires des crus classés devraient s'assurer que ces dernières fumures, plus intensives à cause de leur plus grande assimilabilité, n'altèrent en rien les qualités de finesse et de bouquet qui ont fait la réputation de leurs vins.

Frais de culture. — Après avoir passé en revue le mode de culture des vignes du Médoc, avec les traitements insecticides et les fumures qu'elles exigent, nous devons donner quelques indications sur les frais d'exploitation.

Dans les crus les plus réputés, où les vins se vendent un prix élevé et où, par suite, on n'a pas à reculer devant les sacrifices d'argent, les grands soins donnés aux façons culturales, l'abondance des fumures et, nous devons le dire aussi, le luxe apporté dans l'entretien de la vigne et dans celui des bâtiments, occasionnent une dépense très forte.

Dans d'autres vignobles, dont les vins atteignent des prix moins élevés, on est obligé d'y regarder de plus près. Aussi dans les crus moins réputés, et surtout dans les vins artisans et paysans, arrive-t-on à faire l'exploitation à des frais beaucoup moindres.

Si, dans les premiers, deuxièmes et troisièmes crus, les dépenses d'exploitation atteignent et dépassent même 2,000 francs par hectare, elles diminuent graduellement jusqu'aux crus bourgeois et paysans à 1,500 francs, à 1,000 francs et même à 700 ou 800 francs.

Nous donnons, à titre de renseignement, un relevé des frais annuels dans les crus où on ne recule devant aucune des dépenses jugées nécessaires à l'entretien de la vigne, à sa production et à sa bonne tenue.

Ces données résultent d'une enquête faite récemment par un certain nombre de propriétaires, et qui a trait aux vignobles des premiers, deuxièmes et troisièmes crus.

FRAIS DE CULTURE, PAR HECTARE, D'UN CRU CLASSÉ DU MÉDOC.

1.	Taille, lève ou sécaillage, et pliage		62f 50c
2.	Deux façons de cavaillons		30 00
3.	Une façon supplémentaire tous les deux ans		15 00
4.	Quatre labours		100 00
5.	Deux labours tous les deux ans		50 00
6.	Fil de fer et pointes	27 francs	57 00
	Carassons et lattes	15 francs	
	Osier	15 francs	
7.	Ébourgeonnage		20 00
8.	Jonchage, attachage des pousses		35 00
9.	Rognage		20 00
10.	Relèvement des bouts de règes		30 00
11.	Arrachage des mauvaises herbes		10 00
12.	Provignage, remplacement de 250 pieds, savoir :		
	Trous	25 francs	75 00
	Ajoncs à mettre dans les trous	25 francs	
	Compost ou fumier	25 francs	
13.	Fumages tous les quatre ans (2,000 francs)		500 00
14.	Chasse aux insectes		25 00
15.	Usure des vaisseaux vinaires, entretien des chaix		20 00
16.	Soufrages		54 00
17.	Dépense contre l'anthracnose		16 00
18.	Sulfatage		90 00
19.	Traitement du phylloxéra, prix moyen des trois traitements (sulfure dilué, pal, sulfocarbonate)		330 00
20.	Logement de récolte (2 tonneaux à 70 francs)		140 00
21.	Entretien de tous les bâtiments		20 00
22.	Médecin, vétérinaire, pharmacien		20 00
23.	Impositions (elles sont de 40 p. 1,000)		30 00
24.	Assurance des bâtiments (1 p. 1,000); récoltes (22 cent. p. 1,000)		25 00
25.	Curage des fossés		8 00
26.	Charrois (moitié des labours)		75 00
27.	Prestations		10 00
28.	Remplacement des vignes (durée 40 ans en moyenne) 250 pieds annuellement		125 00
	Total		1,992f 50c

On voit que les frais d'exploitation du vignoble du Médoc, tout au moins en ce qui concerne les crus les plus cotés, sont très importants. Mais les prix élevés auxquels leurs vins se vendent permettent de faire tous les sacrifices qui peuvent être utiles à la production et à la qualité. Nous donnons, à titre de renseignements, les prix des vins après le premier soutirage, dans quelques-uns des vignobles que nous avons étudiés :

		Prix du tonneau.	Prix de l'hectolitre.
Château-Latour (1er cru classé)	1888	2,250f	250f
	1889	3,000	333
	1890	4,100	455
	1891	2,100	233
	1893 (année de grande abondance)	1,750	195
	Moyenne	//	293

	Prix du tonneau.	Prix de l'hectolitre.
Château-Branc-Cantenac (2ᵉ cru classé)	1,200 à 2,000ᶠ	133 à 222ᶠ
Château-d'Issan (3ᵉ cru classé)	1,000	115
Château-Beau-Site (cru bourgeois supérieur)	800	90
Château-Loudenne (cru bourgeois ordinaire)	550	65

Même avec une production moyenne, les meilleurs crus donnent donc encore un revenu net considérable.

Les frais de culture ne diminuent pas dans la même proportion que les prix des vins; il s'en faut même de beaucoup, et dans quelques crus bourgeois bien soignés, comme par exemple Château-Beau-Site, les dépenses d'exploitation sont peu inférieures à celles que nous avons indiquées pour les grands crus. Aussi ces derniers, avec les prix de vente élevés de leurs vins, donnent-ils des bénéfices nets beaucoup plus considérables.

Il n'est donc pas étonnant que la valeur foncière varie dans de très grandes proportions, dont nous croyons utile de donner un aperçu :

		Prix de l'hectare.
Les 1ᵉʳˢ crus classés, tels que Château-Latour, Château-Lafite, etc. sont estimés		60,000ᶠ
Les 2ᵉ	— Château-Branc-Cantenac, clos d'Estournel, Montrose, etc.	25 à 30,000
Les 3ᵉ	— Château-d'Issan, Palmer, Langoa, etc.	15 à 18,000
Les 4ᵉ	— Château-Poujet, le Prieuré, etc.	12 à 15,000
Les 5ᵉ	— Château-Pontet-Canet, Mouton-d'Armailhac, etc.	10 à 12,000
Les crus bourgeois supérieurs, tels que Château-Beau-Site, etc.		7 à 10,000
Les crus bourgeois ordinaires, tels que Château-Loudenne		5 à 6,000

Ces considérations préliminaires étant exposées, nous passons à l'étude des divers vignobles du Médoc que nous avons particulièrement examinés, en commençant par les crus les plus renommés.

Les matériaux nécessaires à ces études ont été prélevés au moment de la vendange; les feuilles et les sarments aussitôt le raisin cueilli, les rafles après l'égrappage; enfin, les marcs exprimés et les vins, au moment des écoulages.

Dans beaucoup de vignobles on pratique le rognage, c'est-à-dire un épamprage partiel, dans le courant de l'été. On enlève à la vigne les extrémités des jeunes pousses, avec un certain nombre de feuilles; les parties enlevées retournent directement au sol; leur proportion est variable; mais ce qu'elles peuvent contenir d'éléments fertilisants représente des chiffres très minimes, car ce sont des tissus aqueux, l'eau formant près des quatre cinquièmes de leur poids. Si nous avions fait entrer les quantités d'éléments fertilisants que renferment ces tissus dans le calcul des exigences de la vigne, nous eussions légèrement augmenté les chiffres qui expriment ces dernières.

Mais nous n'avons voulu faire entrer dans ces recherches que des données que nous avons pu recueillir nous-mêmes; celles qui se rapportent aux rognages ont donc dû être négligées; nous venons d'expliquer qu'elles ne sont pas de nature à modifier les résultats généraux et les conclusions de ces études.

VIGNOBLE DE CHÂTEAU-LATOUR.

(PREMIER CRU CLASSÉ.)

Le vignoble de Château-Latour est situé sur le territoire de la commune de Pauillac, à proximité de la Gironde, à environ 48 kilomètres au nord-nord-ouest de Bordeaux.

La propriété de Château-Latour appartient à une société civile, constituée en 1842 par les familles de Flers, de Beaumont, de Courtivron, copropriétaires de Château-Latour, comme héritiers directs du comte de Ségur, qui possédait la seigneurie de Saint-Lambert, dont dépendait la terre de Latour avant la révolution de 1789.

Elle est dirigée par un viticulteur distingué, M. D. Jouet, ancien élève de l'Institut agronomique, qui a rétabli ce beau vignoble dans un parfait état de prospérité, après les atteintes que les invasions phylloxériques lui avaient fait subir. Nous avons grand plaisir à le remercier ici du concours qu'il a donné à nos études et que sa grande compétence rendait particulièrement précieux.

Le vignoble de Château-Latour est faiblement ondulé et présente des croupes peu accentuées. Il est constitué par des terrains essentiellement graveleux; mais la grosseur et l'abondance des cailloux roulés varie d'une pièce à l'autre, de même que la nature du sol.

On peut diviser les terres constituant le domaine en trois catégories : celles dans lesquelles domine la grosse grave et où le sol est silico-argileux, celles où existe de la grave de grosseur moyenne, celles enfin où le sol devient plus sableux et les cailloux plus petits. Les sous-sols à 0 m. 35 ou 0 m. 40 sont identiques au sol superficiel, et on n'a pas eu à les examiner séparément.

Voici les résultats des analyses de ces trois catégories de terrains :

DÉSIGNATION.	POUR 1,000 DE TERRE NATURELLE SÈCHE.		
	TERRE FINE.	CAILLOUX	
		SILICEUX.	CALCAIRES.
Grosse grave (sol)	284	716	0
Grave moyenne (sol)	369	631	0
Petite grave (sol)	710	290	0

La proportion de cailloux roulés siliceux varie, comme on le voit, du tiers aux trois quarts de la terre naturelle.

C'est la grave moyenne qui occupe la plus grande surface dans la propriété.

L'analyse de la terre fine est donnée dans le tableau ci-après :

DÉSIGNATION.	POUR 1,000 DE TERRE FINE SÈCHE.					
	AZOTE.	ACIDE PHOSPHORIQUE.	POTASSE.	CARBONATE DE CHAUX.	MAGNÉSIE.	SESQUI-OXYDE DE FER.
Grosse grave (sol)	0.781	0.827	1.751	6.4	1.980	18.53
Grave moyenne (sol)	0.682	0.605	1.326	2.2	0.810	9.27
Petite grave (sol)	0.602	0.293	1.088	4.0	0.900	9.27

La partie fine de ces terres contient peu d'azote et d'acide phosphorique, plus de potasse et très peu de chaux.

La terre des parties où la grosse grave est abondante est moins pauvre et beaucoup plus ferrugineuse que celle des parties où les cailloux ont moins de grosseur.

Mais si, au lieu de ne considérer que la terre fine, on tient compte des cailloux mêlés à la terre, considérant la terre telle qu'elle se présente en réalité dans la vigne les chiffres précédents, qui expriment la teneur en principes fertilisants, sont notablement modifiés et s'abaissent d'autant plus que les cailloux, matériaux inertes, y sont plus abondants. On trouve alors, pour 1,000 de terre en nature, la composition suivante :

DÉSIGNATION.	POUR 1,000 DE TERRE NATURELLE SÈCHE.						
	AZOTE.	ACIDE PHOSPHORIQUE.	POTASSE.	CARBONATE DE CHAUX		MAGNÉSIE.	SESQUI-OXYDE DE FER.
				FIN.	PIERREUX.		
Grosse grave (sol)	0.232	0.235	0.497	1.8	0	0.562	5.29
Grave moyenne (sol)	0.252	0.223	0.489	0.8	0	0.299	3.43
Petite grave (sol)	0.427	0.208	0 772	2.8	0	0.639	6.58

Il y a donc pour 1,000 de terre, c'est-à-dire dans un cube de terre considérable, de très minimes quantités de principes fertilisants à la disposition de la vigne, et on peut dire que ces sols sont pauvres sous tous les rapports.

Aussi, pour produire des récoltes, doivent-ils être aidés par des fumures, qu'on leur fournit d'ailleurs en abondance.

Les éléments fertilisants sont surtout, comme nous l'avons dit plus haut, apportés par les composts et des engrais de ville. Si la terre reste cependant aussi pauvre, c'est que ces éléments, et particulièrement l'azote, sont entraînés par les eaux pluviales, dans ces sols essentiellement perméables.

Le vignoble en expérience a une surface de 41 hectares de vignes; il y a, en outre, 20 hectares de prairies, constituées par des terrains bas qui s'étendent vers la Gironde, et quelques hectares de landes.

Le nombre de souches à l'hectare est de 10,000.

Étant donnée la forte proportion de très vieilles vignes qui existent encore à Château-

Latour, et qui sont soutenues et conservées avec le plus grand soin pour maintenir la qualité des produits du vignoble, on peut dire que l'âge moyen des vignes de Château-Latour est de quarante à cinquante ans; elle est défendue contre le phylloxéra par des traitements réguliers au sulfocarbonate de potassium et au sulfure de carbone.

Les travaux se font soit à la journée, soit à la tâche; le prix de la journée de travail est de 2 francs pour l'homme, 0 fr. 75 pour la femme. Les travaux effectués à la tâche sont surtout la taille, le garnissage, le pliage, le tirage des cavaillons, les complantations, etc.

Les fumures sont principalement données sous forme de composts constitués par le mélange avec du fumier d'étable, de terre de bruyère, de terres d'alluvions, de plantes diverses, de pierres à chaux, etc. On recoupe plusieurs fois ce compost et on l'émiette avant l'emploi. Nous en avons donné plus haut la composition, que nous ne rappellerons pas ici.

On emploie ce mélange à raison de 150 mètres cubes à l'hectare. Mais cette fumure n'est renouvelée que tous les cinq ans environ, ce qui représente une fumure moyenne annuelle de 30 mètres cubes de compost par hectare, soit 39,000 kilogrammes.

En outre, pour le remplacement des provins (330 en moyenne par an et par hectare), on place dans chaque trou 5 à 6 kilogrammes de compost, ce qui représente 2,000 kilogrammes.

Il y a donc un apport annuel total de 41,000 kilogrammes de compost par hectare.

Cette fumure apporte au sol les quantités suivantes d'éléments fertilisants, calculées d'après la richesse de ce compost :

Azote	112^{k} 0
Acide phosphorique	51 0
Potasse	164 5

C'est donc une fumure annuelle très élevée que reçoivent ces vignes; nous aurons à y insister en parlant des exigences de cette culture.

Les conditions météorologiques spéciales à l'année 1894 ont influé sur la récolte, qui a été sensiblement inférieure à la moyenne. Il n'y a pas eu de gelées d'hiver ni de printemps, mais une coulure très accentuée sur la fleur et sur le grain, à cause des vents froids survenus au moment de la fécondation.

La maturation a été tardive, mais s'est très bien complétée, grâce au beau temps qui a régné vers la fin de septembre et pendant la durée des vendanges. Pendant l'été, l'air a été généralement assez humide, ce qui a déterminé de fortes invasions cryptogamiques, oïdium et mildew. Mais, dans ce domaine, des traitements énergiques par le soufre et par la bouillie bordelaise ont eu raison de ces maladies, et la qualité du vin a été très bonne.

La vendange a duré du 29 septembre au 13 octobre.

Les données recueillies sont les suivantes, rapportées à l'hectare :

Grand vin	14^{hl} 00	18^{hl} 13
Second vin	1 43	
Vin de presse	2 70	

Poids	des feuilles desséchées à 100°	1,226[k] 00
	des sarments desséchés à 100°	1,484 00
	des rafles desséchées à 100°	46 90
	des marcs desséchés à 100°	136 45
	des lies desséchées à 100°	10 90

Voici la composition de ces divers produits de la vigne, en ne tenant compte que des éléments fertilisants :

DÉSIGNATION.	VIN		
	GRAND VIN.	SECOND VIN.	DE PRESSE.
	gr.	gr.	gr.
Azote	0.341	0.410	0.538
Acide phosphorique	0.320	0.378	0.540
Potasse	1.755	1.758	1.868
Chaux	0.119	0.123	0.149
Magnésie	0.037	0.055	0.054

COMPOSITION DES FEUILLES, DES SARMENTS, DES RAFLES ET DES MARCS.

DÉSIGNATION.	POUR 100 DE LA MATIÈRE SÉCHÉE À 100°.			
	FEUILLES.	SARMENTS.	RAFLES.	MARCS.
Azote	2.138	0.576	1.112	1.906
Cendres	11.895	3.645	9.679	7.422
Acide phosphorique	0.567	0.247	0.699	0.530
Potasse	1.891	1.004	4.790	2.448
Chaux	4.063	1.029	0.542	0.466
Magnésie	0.156	0.094	0.094	0.059

Ces données permettent de calculer la proportion de principes fertilisants que la plante a absorbés dans le cours de sa végétation, pour la production de son bois, de ses feuilles et de ses fruits.

Le tableau suivant est rapporté à 1 hectare de vignes :

MATIÈRES FERTILISANTES ABSORBÉES PAR HECTARE DE VIGNES.

DÉSIGNATION.	AZOTE.	ACIDE PHOSPHORIQUE.	POTASSE.	CHAUX.	MAGNÉSIE.
	kilogr.	kilogr.	kilogr.	kilogr.	kilogr.
Grand vin (14 hectol.) } 18[hl] 13	0.477	0.448	2.457	0.167	0.052
Second vin (1 hectol. 43) }	0.059	0.054	0.251	0.017	0.008
Vin de presse (2 hectol. 70) }	0.145	0.146	0.504	0.040	0.014
Feuilles desséchées à 100° (1,226 kilogr.)	26.212	6.951	23.184	49.812	1.912
Sarments desséchés à 100° (1,484 kilogr.)	8.549	3.665	14.899	15.270	1.395
Rafles desséchées à 100° (46 kilogr. 9)	0.521	0.328	2.246	0.254	0.044
Marcs desséchés à 100° (136 kilogr. 45)	2.601	0.723	3.340	0.636	0.080
Lies desséchées à 100° (10 kilogr. 9)	0.190	0.065	1.186	0.323	Traces.
TOTAUX	38.754	12.380	48.067	66.519	3.505

En regard des exigences de la vigne, plaçons les quantités de matières fertilisantes données annuellement par la fumure.

Nous trouvons par hectare :

DÉSIGNATION.	AZOTE.	ACIDE PHOSPHORIQUE.	POTASSE.
Apporté par la fumure	112k 0	51k 0	164k 5
Absorbé par la vigne	38 8	12 4	48 1
En excédent dans la fumure	73k 2	38k 6	116k 4

Il y a donc un apport de substances fertilisantes qui est environ trois fois plus élevé que les exigences de la vigne pour la production de ses organes et de sa récolte.

Si, au lieu de considérer une année de rendement peu élevé, comme 1894, nous raisonnons sur une année de production moyenne, les chiffres donnés plus haut varient quelque peu, mais sans modifier le résultat général. En calculant la récolte moyenne d'après celle des sept dernières années, nous obtenons 29 hectol. 6 par hectare, soit :

En 1888	38hl 85
En 1889	33 58
En 1890	23 00
En 1891	29 63
En 1892	24 36
En 1893	39 95
En 1894	18 13

En adoptant le chiffre moyen de 29 hectol. 7 et en admettant, avec raison d'ailleurs, les mêmes quantités de feuilles et de sarments, sur lesquels la coulure n'a aucune action, nous trouvons les résultats suivants :

MATIÈRES FERTILISANTES ABSORBÉES PAR HECTARE DE VIGNES POUR UNE RÉCOLTE MOYENNE DE 29 HECTOL. 7.

DÉSIGNATION.		AZOTE.	ACIDE PHOSPHORIQUE.	POTASSE.	CHAUX.	MAGNÉSIE.
		kilogr.	kilogr.	kilogr.	kilogr.	kilogr.
Grand vin (22 hectol. 80)	29hl 70	0.777	0.730	4.001	0.271	0.084
Second vin (2 hectol. 4)		0.098	0.091	0.422	0.029	0.013
Vin de presse (4 hectol. 5)		0.242	0.243	0.840	0.067	0.024
Feuilles desséchées à 100° (1,226 kilogr.)		26.212	6.951	23.184	49.812	1.912
Sarments desséchés à 100° (1,484 kilogr.)		8.549	3.665	14.899	15.270	1.395
Rafles desséchées à 100° (76 kilogr. 5)		0.850	0.535	3.664	0.415	0.072
Marcs desséchés à 100° (222 kilogr. 4)		4.239	1.179	5.444	1.036	0.131
Lies desséchées à 100° (17 kilogr. 8)		0.310	0.106	1.933	0.526	Traces.
TOTAUX		41.277	13.500	54.387	67.426	3.631

On voit qu'en prenant pour base des calculs les résultats d'une année moyenne, il y a encore un excédent considérable de principes fertilisants dans la fumure.

Comment le sol ne parvient-il pas à s'enrichir par cet apport incessant de matériaux non utilisés? Cela tient à sa grande perméabilité, qui laisse perdre dans le sous-sol de l'azote ainsi que de la potasse, à la faible quantité de terre fine pouvant exercer des propriétés absorbantes, enfin aux pluies fréquentes qui lavent le sol. Il faut donc renouveler fréquemment les fumures, puisqu'elles se perdent à mesure; privée de cet apport, la vigne ne tarderait pas à péricliter.

CHÂTEAU-LAFITE.

(PREMIER CRU CLASSÉ.)

Le vignoble de Château-Lafite est situé sur le territoire de la commune de Pauillac. Il appartient à MM. de Rothschild; il est dirigé par M. Mortier, que nous remercions d'avoir bien voulu mettre ce beau vignoble à notre disposition.

Le vignoble est constitué par des terrains légèrement ondulés et plus ou moins graveleux; généralement la proportion des cailloux est assez élevée et atteint souvent les trois quarts de la masse de terre.

Le sous-sol, à la profondeur de 0 m. 40, est peu différent du sol superficiel.

Voici quelques analyses de divers échantillons représentant les principaux types de la propriété :

DÉSIGNATION.		POUR 1,000 DE TERRE NATURELLE SÈCHE.		
		TERRE FINE.	CAILLOUX.	
			SILICEUX.	CALCAIRES.
Échantillon n° 1....	Sol..................	266	734	0
	Sous-sol.............	310	690	0
Échantillon n° 2....	Sol..................	534	466	0
	Sous-sol.............	390	610	0

La composition de la terre fine est la suivante :

DÉSIGNATION.		POUR 1,000 DE TERRE FINE SÈCHE.					
		AZOTE.	ACIDE PHOSPHORIQUE.	POTASSE.	CARBONATE DE CHAUX.	MAGNÉSIE.	SESQUI-OXYDE DE FER.
Échantillon n° 1...	Sol...........	0.503	0.395	0.714	2.8	0.414	10.24
	Sous-sol........	0.622	0.376	1.275	3.4	0.864	9.27
Échantillon n° 2...	Sol...........	0.596	0.545	1.309	3.4	0.378	8.11
	Sous-sol........	0.662	0.549	1.020	4.4	0.360	9.27

Ces terres sont, comme celles de Château-Latour, très pauvres en éléments fertilisants.

Si l'on tient compte des cailloux mêlés à la terre, on trouve que la composition de la terre en nature est la suivante :

DÉSIGNATION.		POUR 1,000 DE TERRE NATURELLE SÈCHE.						
		AZOTE.	ACIDE PHOSPHORIQUE.	POTASSE.	CARBONATE DE CHAUX fin.	CARBONATE DE CHAUX pierreux.	MAGNÉSIE.	SESQUIOXYDE DE FER.
Échantillon n° 1.	Sol.....	0.134	0.105	0.190	0.7	0	0.110	2.77
	Sous-sol..	0.193	0.116	0.395	1.0	0	0.268	2.87
Échantillon n° 2.	Sol.....	0.318	0.291	0.699	1.8	0	0.202	4.33
	Sous-sol..	0.258	0.214	0.397	1.7	0	0.140	3.62

Ayant de si minimes quantités de matériaux fertilisants à sa disposition, la vigne ne saurait prospérer sans l'intervention de fumures abondantes.

Le vignoble de Château-Lafite comprend 66 hectares de vignes.

Il est tout entier en vieilles vignes françaises, défendues contre le phylloxéra par des traitements au sulfocarbonate de potassium. Les maladies cryptogamiques, oïdium et mildew, si développées en 1894, ont été combattues avec succès par des soufrages et des sulfatages.

Le nombre de souches à l'hectare est de 10,000.

Les observations ont fourni en 1894 les données suivantes par hectare :

Vin		26^{hl}4
Poids de	Feuilles desséchées à 100°	972^{k}0
	Sarments desséchés à 100°	1,146 0
	Rafles desséchées à 100°	101 1
	Marcs desséchés à 100°	242 8
	Lies desséchées à 100°	15 8

Voici les résultats des divers produits de la vigne, en ne tenant compte que des éléments fertilisants :

ANALYSE DU VIN (PAR LITRE).

	gr.
Azote	0.412
Acide phosphorique	0.297
Potasse	1.721
Chaux	0.130
Magnésie	8.061

COMPOSITION DES FEUILLES, DES SARMENTS, DES RAFLES ET DES MARCS.

DÉSIGNATION.	POUR 100 DE LA MATIÈRE SÉCHÉE À 100°.			
	FEUILLES.	SARMENTS.	RAFLES.	MARCS.
Azote	2.218	0.556	1.469	1.867
Cendres	12.543	3.530	11.315	7.831
Acide phosphorique	0.694	0.236	0.613	0.601
Potasse	1.698	0.907	5.420	3.090
Chaux	4.495	1.028	0.760	0.499
Magnésie	0.226	0.102	0.077	0.059

Ces résultats permettent d'établir le tableau suivant, concernant les exigences de la vigne :

MATIÈRES FERTILISANTES ABSORBÉES PAR HECTARE.

DÉSIGNATION.	AZOTE.	ACIDE PHOSPHORIQUE.	POTASSE.	CHAUX.	MAGNÉSIE.
	kilogr.	kilogr.	kilogr.	kilogr.	kilogr.
Vin (26 hectol. 4)	1.088	0.784	4.543	0.343	0.161
Feuilles desséchées à 100° (972 kilogr.)	21.559	6.746	16.504	43.691	2.197
Sarments desséchés à 100° (1,146 kilogr.)	6.372	2.704	10.394	11.781	1.169
Rafles desséchées à 100° (101,1 kilogr.)	1.485	0.620	5.480	0.768	0.078
Marcs desséchés à 100° (242 kilogr. 8)	4.533	1.459	7.502	1.211	0.143
Lies desséchées à 100° (15 kilogr. 8)	0.274	0.093	1.710	0.466	traces.
TOTAUX	35.311	12.406	46.133	58.260	3.748

Les fumures sont données en grande quantité comme dans le vignoble de Château-Latour; on emploie surtout le fumier de l'exploitation incorporé dans les composts; on fait usage également d'engrais chimiques. Ici encore, la quantité de matières fertilisantes données comme engrais dépasse de beaucoup ce que la vigne absorbe dans sa végétation annuelle.

CHÂTEAU-BRANE-CANTENAC.

(DEUXIÈME CRU CLASSÉ.)

Le vignoble de Brane-Cantenac est situé sur le territoire de la commune de Cantenac, à environ 25 kilomètres au nord-ouest de Bordeaux et à proximité de Margaux.

Il appartient à M. G. Berger, qui a bien voulu le mettre à notre disposition, et dont le régisseur, M. Pineau, nous a obligeamment donné tous les renseignements qui nous étaient nécessaires.

Le sol de la propriété est graveleux; la grave, en général très abondante, est plus ou moins grosse et la terre très ferrugineuse. Nous avons pris deux échantillons représentant les types principaux des terres du domaine; leur analyse est donnée ci-dessous :

DÉSIGNATION.		POUR 1,000 DE TERRE NATURELLE SÈCHE.		
		TERRE FINE.	CAILLOUX SILICEUX.	CAILLOUX CALCAIRES.
Échantillon n° 1	Sol	523	477	0
	Sous-sol	367	633	0
Échantillon n° 2	Sol	448	552	0
	Sous-sol	266	734	0

La composition de la terre fine est la suivante :

DÉSIGNATION.		POUR 1,000 DE TERRE FINE SÈCHE.					
		AZOTE.	ACIDE PHOSPHORIQUE.	POTASSE.	CARBONATE DE CHAUX.	MAGNÉSIE.	SESQUI-OXYDE DE FER.
Échantillon n° 1	Sol	0.834	0.549	1.649	1.6	0.324	11.58
	Sous-sol	0.146	0.289	1.275	2.0	0.612	6.95
Échantillon n° 2	Sol	0.549	1.090	1.853	8.0	1.620	17.37
	Sous-sol	0.404	1.316	1.224	3.6	0.360	12.74

Si l'on tient compte des cailloux mêlés à la terre, on trouve, pour 1,000 de terre naturelle, la composition suivante :

DÉSIGNATION.		POUR 1,000 DE TERRE NATURELLE SÈCHE.						
		AZOTE.	ACIDE PHOSPHORIQUE.	POTASSE.	CARBONATE DE CHAUX FIN.	CARBONATE DE CHAUX PIERREUX.	MAGNÉSIE.	SESQUI-OXYDE DE FER.
Échantillon n° 1	Sol	0.436	0.287	0.862	0.840	0	0.169	6.06
	Sous-sol	0.053	0.106	0.468	0.734	0	0.225	2.54
Échantillon n° 2	Sol	0.246	0.488	0.830	3.584	0	0.726	7.78
	Sous-sol	0.107	0.350	0.325	0.958	0	0.096	3.39

Ces terres sont peu riches en azote et en acide phosphorique, la potasse seule y existe en proportion à peu près normale.

Les composts, à l'aide desquels on supplée à cette pauvreté du sol, sont formés de fumier d'étable, mélangés de feuilles d'arbres, de terre de bruyère, de terres d'alluvions, de curures de fossés. On y ajoute les marcs, les râpes et les cendres de sarments.

On fume tous les quatre à cinq ans avec 250 mètres cubes de compost à l'hectare, ce qui représente une fumure moyenne, par an et par hectare, de 55 mètres cubes ou de 71,500 kilogrammes de compost, qui apportent au sol, d'après l'analyse que nous avons donnée plus haut de ce produit, les quantités suivantes d'éléments fertilisants :

Azote	124^k 13
Acide phosphorique	54 91
Potasse	168 17

En outre, tous les deux ans, on emploie, comme supplément, des engrais chimiques, nitrate de soude, superphosphate, sang desséché, tourteaux, qui apportent, de leur côté, les quantités suivantes d'éléments fertilisants, par an et par hectare :

Azote	35^k 62
Acide phosphorique	47 10
Potasse	3 96

soit un apport annuel moyen de :

Azote	159^k 75
Acide phosphorique	102 01
Potasse	172 13

La superficie du vignoble en expérience est de 47 hectares; il est tout entier planté en vieilles vignes françaises, défendues par le sulfocarbonate de potassium.

Le nombre des pieds à l'hectare est en moyenne de 9,500.

La vigne a été très bien préservée contre les maladies.

Les vendanges ont duré du 1er au 13 octobre, par un beau temps.

Voici le résultat des observations recueillies et rapportées à l'hectare :

Vin		26^{hl}57
Poids de	feuilles desséchées à 100°	1,248^k 3
	sarments desséchés à 100°	1,607 4
	rafles desséchées à 100°	54 2
	marcs desséchés à 100°	196 5
	lies desséchées à 100°	15 9

La composition de ces divers produits de la vigne, en ne tenant compte que des éléments fertilisants, est la suivante :

COMPOSITION DU VIN (PAR LITRE).

Azote	0^{gr}406
Acide phosphorique	0 290
Potasse	1 862
Chaux	0 123
Magnésie	0 055

COMPOSITION DES FEUILLES, DES SARMENTS, DES RAFLES ET DES MARCS.

DÉSIGNATION.	POUR 100 DE LA MATIÈRE SÉCHÉE A 100.			
	FEUILLES.	SARMENTS.	RAFLES.	MARCS.
Azote	2.105	0.582	1.483	2.006
Cendres	11.498	3.668	12.650	7.295
Acide phosphorique	0.521	0.244	0.718	0.560
Potasse	1.789	1.016	6.090	2.572
Chaux	3.895	1.039	0.637	0.408
Magnésie	0.165	0.224	0.073	0.039

D'après ces résultats, nous pouvons dresser le tableau suivant, exprimant les quantités de matières fertilisantes absorbées par hectare de vignes :

MATIÈRES FERTILISANTES ABSORBÉES PAR HECTARE.

DÉSIGNATION.	AZOTE.	ACIDE PHOSPHORIQUE.	POTASSE.	CHAUX.	MAGNÉSIE.
	kilogr.	kilogr.	kilogr.	kilogr.	kilogr.
Vin (26 hectol. 57)	1.079	0.770	4.947	0.327	0.146
Feuilles desséchées à 100° (1,248 kilogr. 30)	26.277	6.504	22.332	48.621	2.060
Sarments desséchés à 100° (1,607 kilogr. 4)	9,355	3.922	16.331	16.701	3.600
Rafles desséchées à 100° (54 kilogr. 2)	0.804	0.386	3.301	0.345	0.039
Marcs desséchés à 100° (196 kilogr. 5)	3.942	1.100	5.054	0.802	0.077
Lies desséchées à 100° (15 kilogr. 9)	0.276	0.094	1.722	0.469	traces.
Totaux	41.733	12.776	53.687	67.265	5.922

Mettons en regard de ces exigences la quantité de matières fertilisantes données dans la fumure ; nous trouvons :

DÉSIGNATION.	AZOTE.	ACIDE PHOSPHORIQUE.	POTASSE.
Donné dans la fumure	159k 7	102k 0	172k 2
Absorbé par la vigne	41 7	12 8	53 7
Soit en excédent dans la fumure	118 0	89 2	118 5

Ici encore, nous voyons une abondance extraordinaire de principes fertilisants, dont la proportion est, pour l'azote et pour la potasse, 3 à 4 fois et, pour l'acide phosphorique, 8 fois plus élevée que ce que la vigne a absorbé.

VIGNOBLE DE CHÂTEAU-D'ISSAN.

(TROISIÈME CRU CLASSÉ.)

Le vignoble de Château-d'Issan fait partie, comme le précédent, de la commune de Cantenac.

Il appartient à M. G. Roy, dont le régisseur, M. Labuchelle, nous a procuré les renseignements nécessaires concernant ce beau domaine.

Les sols sont les uns graveleux, les autres beaucoup plus argileux et renfermant une proportion moins forte de cailloux.

Voici les résultats de l'analyse de ces deux types différents des terres de la propriété :

DÉSIGNATION.		POUR 1,000 DE TERRE NATURELLE SÈCHE.		
		TERRE FINE.	CAILLOUX	
			SILICEUX.	CALCAIRES.
Terrains argileux	Sol	836	148	16
	Sous-sol	847	75	78
Terrains graveleux	Sol	579	421	0
	Sous-sol	491	504	5

On voit que dans les terres argileuses il entre une certaine proportion de cailloux calcaires, tandis que les sols graveleux, qui renferment beaucoup plus d'éléments grossiers, ne contiennent que des cailloux siliceux.

La composition de la terre fine est donnée dans le tableau ci-dessous :

DÉSIGNATION.		POUR 1,000 DE TERRE FINE SÈCHE.					
		AZOTE.	ACIDE PHOSPHORIQUE.	POTASSE.	CARBONATE DE CHAUX.	MAGNÉSIE.	SESQUI-OXYDE DE FER.
Terrains argileux	Sol	0.616	0.564	2.125	75.0	1.656	24.32
	Sous-sol	0.357	0.271	1.615	60.0	1.800	28.96
Terrains graveleux	Sol	0.649	1.290	1.836	6.0	1.440	17.37
	Sous-sol	0.582	1.128	1.734	6.0	0.954	12.74

Ces terres sont pauvres en azote, avec des quantités variables, parfois très faibles, d'acide phosphorique, mais la potasse y est assez abondante. Les terres argileuses contiennent des proportions sensibles de carbonate de chaux.

En tenant compte des cailloux mêlés à la terre, on trouve :

DÉSIGNATION.		POUR 1,000 DE TERRE NATURELLE SÈCHE.						
		AZOTE.	ACIDE PHOSPHORIQUE.	POTASSE.	CARBONATE DE CHAUX — FIN.	CARBONATE DE CHAUX — PIERREUX.	MAGNÉSIE.	SESQUI-OXYDE DE FER.
Terrains argileux..	Sol....	0.515	0.471	1.776	62.70	16	1.384	20.33
	Sous-sol.	0.302	0.229	1.368	50.82	78	1.525	24.52
Terrains graveleux.	Sol....	0.376	0.748	1.063	3.47	0	0.834	10.05
	Sous-sol.	0.286	0.554	0.851	2.95	5	0.468	6.25

On utilise à Château-d'Issan des composts et des fumiers. Les premiers, principalement réservés aux plantations, sont fabriqués avec des terres diverses, terres de chemins, d'alluvions, qu'on laisse en tas pendant un an avant de les mélanger au fumier. Le compost, fait en septembre, est employé vers le mois d'avril, après avoir été recoupé au moins trois fois.

Au moment de la plantation, on en fait un apport, par hectare, de 122 mètres cubes, soit 158,000 kilogrammes, renfermant, d'après la composition que nous avons donnée plus haut, les quantités suivantes d'éléments fertilisants :

Azote	220k 9
Acide phosphorique	166 5
Potasse	304 4

Dès le commencement de la végétation, la jeune vigne trouve donc à sa disposition des matériaux nutritifs en grande quantité et acquiert rapidement de la vigueur.

Au bout de trois ans, on donne une nouvelle fumure, avec des fumiers d'étable ou de préférence des fumiers de cheval mélangés avec des bruyères et des roseaux qu'on a additionnés de 10 kilogrammes de phosphate par mètre cube. On répand, par hectare, 190 mètres cubes de ce mélange, pesant environ 750 kilogrammes le mètre cube et qui a la composition suivante, pour 1,000 de matière telle qu'elle est employée :

Azote	9.20
Acide phosphorique	8.50
Potasse	4.97

soit par mètre cube :

Azote	6.90
Acide phosphorique	6.37
Potasse	3.73

La fumure donnée trois ans après la plantation apporte donc au sol :

Azote	1,311k 0
Acide phosphorique	1,210 3
Potasse	708 7

Il y a donc, quand les vignes entrent en production, un nouvel apport, plus considérable encore que le premier, de matériaux fertilisants.

Enfin, quatre ans après, on applique la fumure régulière, à raison de 150 mètres cubes de ce même fumier par hectare et tous les quatre ans, soit $37^{m^3},5$ par an, qui fournissent au sol :

Azote	258k 75
Acide phosphorique	238 87
Potasse	139 87

Outre ce fumier, on emploie des engrais chimiques, nitrate de potasse, nitrate de soude, phosphates précités, sulfate de potasse, qui apportent en moyenne, par an et par hectare :

Azote	36k 0
Acide phosphorique	33 0
Potasse	36 8

En faisant la somme de ce que l'hectare de vignes reçoit comme fumure annuelle, nous trouvons :

Azote	294k 9
Acide phosphorique	271 9
Potasse	176 7

Le vignoble en expérience a une superficie de 43 hectares; il est tout entier en vignes françaises, conservées par le sulfocarbonate de potassium.

Le nombre de souches à l'hectare est de 9,500.

En 1894, la coulure a abaissé sensiblement le rendement.

La vendange a duré du 3 au 11 octobre; voici les données obtenues, rapportées à l'hectare :

Vin		13hl 29
Poids	des feuilles desséchées à 100°	1,276k 80
	des sarments desséchés à 100°	1,713 80
	des rafles desséchées à 100°	29 40
	des marcs desséchés à 100°	83 70
	des lies desséchées à 100°	8 34

Voici la composition de ces divers produits :

COMPOSITION DU VIN (PAR LITRE).

Azote	0gr 400
Acide phosphorique	0 368
Potasse	1 777
Chaux	0 108
Magnésie	0 053

COMPOSITION DES FEUILLES, DES SARMENTS, DES RAFLES ET DES MARCS.

DÉSIGNATION.	POUR 100 DE LA MATIÈRE SÉCHÉE À 100°.			
	FEUILLES.	SARMENTS.	RAFLES.	MARCS [1].
Azote	2.502	0.622	1.628	2.065
Cendres	12.320	3.772	11.400	8.997
Acide phosphorique	0.801	0.290	0.798	0.581
Potasse	2.572	1.194	6.264	2.571
Chaux	3.967	0.959	0.638	0.504
Magnésie	0.111	0.098	0.054	0.071

[1] Composition des marcs de Brane, vignoble voisin, de même cépage.

MATIÈRES FERTILISANTES ABSORBÉES PAR HECTARE.

DÉSIGNATION.	AZOTE.	ACIDE PHOSPHORIQUE.	POTASSE.	CHAUX.	MAGNÉSIE.
	kilogr.	kilogr.	kilogr.	kilogr.	kilogr.
Vin (13 hectol. 29)	0.532	0.489	2.362	0.143	0.070
Feuilles desséchées à 100° (1,276 kilogr. 8)	31.945	10.227	32.839	50.651	1.417
Sarments desséchés à 100° (1,713 kilogr.)	10.660	4.970	20.463	16.435	1.679
Rafles desséchées à 100° (29 kilogr. 4)	0.479	0.235	1.842	0.187	0.016
Marcs desséchés à 100° (83 kilogr. 7)	1.728	0.486	2.152	0.422	0.059
Lies desséchées à 100° (8 kilogr. 34)	0.145	0.049	0.905	0.246	traces.
Totaux	45.489	16.456	60.563	68.084	3.241

Malgré la faible récolte de 1894, la vigne a absorbé d'assez fortes proportions de matières fertilisantes, ce qui tient surtout à la vigueur des bois et du système foliacé, favorisée par une fumure extrêmement abondante.

La moyenne de la production est de 29 hectol. 6; si nous calculons les exigences de la vigne avec cette moyenne, nous trouvons :

MATIÈRES FERTILISANTES ABSORBÉES PAR HECTARE DE VIGNES, POUR UNE RÉCOLTE MOYENNE DE 29 HECTOL. 6.

DÉSIGNATION.	AZOTE.	ACIDE PHOSPHORIQUE.	POTASSE.	CHAUX.	MAGNÉSIE.
Vin (29 hectol. 60)	1.186	1.090	5.267	0.319	0.156
Feuilles desséchées à 100° (1,276 kilogr. 80)	31.945	10.227	32.839	50.651	1.417
Sarments desséchés à 100° (1,713 kilogr. 80)	10.660	4.970	20.463	16.435	1.679
Rafles desséchées à 100° (65 kilogr. 56)	1.068	0.524	4.108	0.417	0.036
Marcs desséchés à 100° (186 kilogr. 65)	3.853	1.084	4.799	0.941	0.131
Lies desséchées à 100° (18 kilogr. 6 o)	0.323	0.109	2.018	0.548	traces.
Totaux	49.035	18.004	69.494	69.311	3.419

Si nous mettons, en regard de ces résultats, ceux trouvés pour la fumure annuelle, nous aurons :

DÉSIGNATION.	AZOTE.	ACIDE PHOSPHORIQUE.	POTASSE.
Donné par la fumure	294^k 9	271^k 9	176^k 7
Absorbé par la vigne	49 0	18 0	69 5
En excédent dans la fumure	245 9	253 9	107 2

Plus encore que dans les vignobles précédemment étudiés, nous trouvons ici d'énormes quantités de principes fertilisants donnés en sus de ce que la plante peut absorber.

CHÂTEAU-BEAU-SITE.

(CRU BOURGEOIS SUPÉRIEUR.)

Le vignoble de Château-Beau-Site fait partie de la commune de Saint-Estèphe; il appartient à M. Grazilhon fils, que nous remercions d'avoir bien voulu le mettre à notre disposition.

Le vignoble est formé de croupes graveleuses; nous donnons ci-dessous les résultats de l'analyse de deux échantillons représentant les deux principaux types de terres :

DÉSIGNATION.		POUR 1,000 DE TERRE NATURELLE SÈCHE.		
		TERRE FINE.	CAILLOUX SILICEUX.	CAILLOUX CALCAIRES.
Échantillon n° 1	Sol	347	653	0
	Sous-sol	281	719	0
Échantillon n° 2	Sol	692	308	0
	Sous-sol	819	181	0

La proportion de cailloux est, comme on voit, très variable, mais élevée dans les deux cas; l'échantillon n° 1 en contenait une quantité beaucoup plus grande que l'échantillon n° 2. La composition de la terre fine est donnée ci-dessous :

DÉSIGNATION.		POUR 1,000 DE TERRE FINE SÈCHE.					
		AZOTE.	ACIDE PHOSPHORIQUE.	POTASSE.	CARBONATE DE CHAUX.	MAGNÉSIE.	SESQUI-OXYDE DE FER.
Échantillon n° 1.	Sol	1.178	0.790	1.955	4.0	2.106	19.69
	Sous-sol	0.867	0.752	1.700	5.0	1.620	15.06
Échantillon n° 2.	Sol	0.397	0.301	1.836	4.0	1.026	17.37
	Sous-sol	0.788	0.414	2.431	1.6	1.296	25.48

Ces terres ne sont riches ni en azote, ni en acide phosphorique, mais contiennent notablement de potasse; comme toutes celles que nous avons jusqu'ici étudiées, elles sont très peu calcaires.

Si l'on tient compte des cailloux mêlés à la terre, les chiffres qui précèdent s'abaissent dans une forte proportion; on trouve en effet:

DÉSIGNATION.		POUR 1,000 DE TERRE NATURELLE SÈCHE.						
		AZOTE.	ACIDE PHOSPHORIQUE.	POTASSE.	CARBONATE DE CHAUX FIN.	CARBONATE DE CHAUX PIERREUX.	MAGNÉSIE.	SESQUIOXYDE DE FER.
Échantillon n° 1.	Sol.....	0.409	0.274	0.678	1.39	0	0.731	6.83
	Sous-sol..	0.244	0.211	0.478	1.40	0	0.455	4.23
Échantillon n° 2.	Sol.....	0.275	0.208	1.270	2.77	0	0.710	12.03
	Sous-sol..	0.645	0.339	1.991	1.31	0	1.061	20.86

On supplée à la pauvreté du sol par des fumures abondantes. Il est fait usage de composts, fabriqués par le mélange de fumiers et de terres provenant du curage des fossés, de terres d'alluvions, préalablement exposées à l'air pendant un ou deux ans; mais ces composts, après plusieurs recoupages, sont de préférence réservés pour les complantations.

Les fumures culturales consistent surtout en fumier de ferme et en bourriers de ville, qu'on emploie à peu près par moitié.

On répand en totalité environ 240 mètres cubes de ces produits, et l'on répète cette fumure en moyenne tous les sept ans. Les quantités de principes fertilisants apportés par an et par hectare sont de:

DÉSIGNATION.	AZOTE.	ACIDE PHOSPHORIQUE.	POTASSE.
	kilogr.	kilogr.	kilogr.
Apporté par la gadoue....................	73.03	81.14	93.75
Apporté par le fumier....................	48.30	31.05	62.10
TOTAUX....................	121.33	112.19	155.85

Nous reviendrons plus loin sur cette fumure, à propos des exigences de la vigne.

La superficie du vignoble en expérience est de 24 hectares, en vignes françaises traitées par le sulfocarbonate de potassium.

Des traitements très énergiques à la bouillie bordelaise et au soufre additionné de sulfate de cuivre ont complètement préservé le vignoble des atteintes du mildew et de l'oïdium. La bouillie employée était à 6 p. 100 de sulfate de cuivre, c'est-à-dire très concentrée. Avec de pareils soins, la végétation s'est maintenue extrêmement vigoureuse.

Le nombre des souches à l'hectare est de 10,000.

L'âge de la vigne est d'environ 60 ans.

La vendange, qui a eu lieu dans les premiers jours d'octobre, a fourni les données suivantes, rapportées à l'hectare :

Vin		28^{hl} 12
Poids	des feuilles desséchées à 100°	$1,622^{k}$ 0
	des sarments desséchés à 100°	2,226 0
	des rafles desséchées à 100°	76 7
	des marcs desséchés à 100°	297 5
	des lies desséchées à 100°	16 9

La vigne est rognée sensiblement plus haut que dans les crus précédents; elle a donc un développement foliacé plus grand. La vigueur remarquable de la végétation de la vigne, que nous signalions plus haut, et son âge provoquent d'ailleurs la formation de sarments très beaux; aussi observons-nous dans ce vignoble une production de feuilles et de bois très abondante.

Voici la composition de ces divers produits de la vigne, en ne tenant compte que des éléments fertilisants :

COMPOSITION DU VIN (PAR LITRE).

Azote	0^{gr} 383
Acide phosphorique	0 270
Potasse	1 664
Chaux	0 130
Magnésie	0 053

COMPOSITION DES FEUILLES, DES SARMENTS, DES RAFLES ET DES MARCS.

DÉSIGNATION.	POUR 100 DE LA MATIÈRE SÉCHÉE À 100°.			
	FEUILLES.	SARMENTS.	RAFLES.	MARCS.
Azote	2.112	0.563	1.635	2.075
Cendres	12.977	3.272	10.250	8.210
Acide phosphorique	0.562	0.232	0.556	0.489
Potasse	2.080	0.927	5.455	3.196
Chaux	4.360	0.930	0.689	0.532
Magnésie	0.121	0.107	0.159	0.077

Ces résultats nous permettent d'établir le tableau ci-dessous, concernant les exigences de la vigne, pour la production de ses feuilles, de ses bois et de ses fruits :

MATIÈRES FERTILISANTES ABSORBÉES PAR HECTARE.

DÉSIGNATION.	AZOTE.	ACIDE PHOSPHORIQUE.	POTASSE.	CHAUX.	MAGNÉSIE.
	kilogr.	kilogr.	kilogr.	kilogr.	kilogr.
Vin (28 hectol. 2)	1.080	0.761	4.692	0.367	0.149
Feuilles desséchées à 100° (1,622 kilogr.)	34.257	9.116	33.738	70.719	1.963
Sarments desséchés à 100° (2,226 kilogr.)	12.532	5.164	20.635	20.702	2.382
Rafles desséchées à 100° (76 kilogr. 7)	1.254	0.426	4.184	0.528	0.122
Marcs desséchés à 100° (297 kilogr. 5)	6.173	1.455	9.508	1.583	0.229
Lies desséchées à 100° (16 kilogr. 9)	0.290	0.099	1.810	0.493	traces.
Totaux	55.586	17.021	74.567	94.392	4.845

La récolte de 1894 n'a pas été sensiblement inférieure à la moyenne, qui est de 31 hectolitres pour ces dernières années.

Si nous plaçons en regard des résultats précédents ceux que nous a fournis l'étude de la fumure, nous trouvons :

DÉSIGNATION.	AZOTE.	ACIDE PHOSPHORIQUE.	POTASSE.
Apporté par la fumure	121k 3	112k 2	156k 0
Absorbé par la vigne	55 6	17 0	74 6
En excédent dans la fumure	65 7	95 2	81 4

Malgré les exigences plus grandes que la vigueur de la végétation de la vigne a nécessitées, il y a encore ici une quantité de matières fertilisantes beaucoup plus grande dans la fumure que dans les produits de la végétation; l'excès n'est cependant pas aussi considérable que dans les vignobles précédents.

VIGNOBLE DE CHÂTEAU-LOUDENNE

(CRU BOURGEOIS ORDINAIRE.)

Ce vignoble est situé sur le territoire de la commune de Saint-Yzans, à l'extrémité du Haut-Médoc, sur les bords de la Gironde.

Il est dirigé par M. Aberlen, que nous remercions de l'obligeance avec laquelle il l'a mis à notre disposition et des documents qu'il nous a fournis pour nous en permettre l'étude.

Le sol de la propriété est très variable; les croupes sont graveleuses avec des proportions assez grandes de cailloux; les parties basses sont beaucoup plus argileuses et la grave y fait défaut. Ces dernières diffèrent notablement des terres du Haut-Médoc et se rapprochent plutôt des terres d'alluvions. C'est sur les croupes graveleuses, dont l'échantillon n° 1 forme le type, que les vins ont le plus de qualité.

Les échantillons 2 et 3 représentent le type des terres fortes, plus argileuses, et ne renfermant pas d'éléments grossiers. Voici la composition de ces diverses terres :

DÉSIGNATION.		POUR 1,000 DE TERRE NATURELLE SÈCHE.		
		TERRE FINE.	CAILLOUX	
			SILICEUX.	CALCAIRES.
Échantillon n° 1	Sol	504	496	0
	Sous-sol	392	608	0
Échantillon n° 2	Sol	1.000	0	0
	Sous-sol	1.000	0	0
Échantillon n° 3	Sol	1.000	0	0
	Sous-sol	1.000	0	0

Comme on le voit, les terres graveleuses renferment environ moitié de cailloux, essentiellement siliceux; le sous-sol, à la profondeur d'environ 0 m. 40, en contient tout autant.

La composition de la terre fine est donnée dans le tableau suivant :

DÉSIGNATION.		POUR 1,000 DE TERRE FINE SÈCHE.					
		AZOTE.	ACIDE PHOSPHORIQUE.	POTASSE.	CARBONATE DE CHAUX.	MAGNÉSIE.	SESQUI-OXYDE DE FER.
Échantillon n° 1...	Sol............	1.105	0.947	1.955	1.0	1.548	30.11
	Sous-sol........	0.920	0.827	3.077	6.4	1.440	26.64
Échantillon n° 2...	Sol............	1.509	1.335	4.811	5.0	2.016	40.54
	Sous-sol........	1.701	1.504	6.171	4.6	2.610	69.50
Échantillon n° 3...	Sol............	1.013	0.714	3.213	15.6	1.440	33.59
	Sous-sol........	1.622	0.744	4.352	13.6	1.980	50.96

Les terres fortes sont, en général, plus riches que les terres de graves; la potasse y est particulièrement abondante; toutes ces terres, et surtout les terres argileuses, sont très ferrugineuses.

En tenant compte des cailloux mêlés à la terre et en envisageant la terre telle qu'elle est en réalité, on trouve la composition suivante :

DÉSIGNATION.		POUR 1,000 DE TERRE NATURELLE SÈCHE.						
		AZOTE.	ACIDE PHOSPHORIQUE.	POTASSE.	CARBONATE DE CHAUX FIN.	CARBONATE DE CHAUX PIERREUX.	MAGNÉSIE.	SESQUI-OXYDE DE FER.
Échantillon n° 1.	Sol......	0.557	0.477	0.985	0.50	0	0.780	15.17
	Sous-sol..	0.361	0.324	1.206	2.51	0	0.564	10.44
Échantillon n° 2.	Sol......	1.509	1.335	4.811	5.00	0	2.016	40.54
	Sous-sol..	1.701	1.504	6.171	4.60	0	2.610	69.50
Échantillon n° 3.	Sol......	1.013	0.714	3.213	15.60	0	1.440	33.59
	Sous-sol..	1.622	0.744	4.352	13.60	0	1.980	50.96

Les fumures employées à Loudenne sont principalement constituées par des bourriers de Bordeaux et, en plus faible proportion, par du fumier d'étable.

Il est répandu, en moyenne, par an et par hectare, 7 mètres cubes de fumier, 31 mètres cubes, soit 34,000 kilogrammes de bourriers, et, en outre, 225 kilogrammes d'engrais chimiques; ces fumures apportent au sol les quantités annuelles suivantes de principes fertilisants, par hectare :

DÉSIGNATION.	AZOTE.	ACIDE PHOSPHORIQUE.	POTASSE.
	kilogr.	kilogr.	kilogr.
Dans le fumier	19.6	12.6	25.2
Dans les bourriers	120.4	133.7	154.5
Dans les engrais chimiques	11.0	9.0	9.0
Totaux	151.0	155.3	188.7

La superficie du vignoble de Loudenne est de 91 hectares, ainsi répartis :

Vignes
- françaises d'environ vingt ans .... $61^h\ 41^a\ 63^c$
- greffées depuis 1876 .... 29 64 59
- en production en 1894 .... 88 41 62
- non encore en production 2 64 60

Le nombre de pieds à l'hectare est, en moyenne, de 8,600 ; l'encépagement comprenant, outre le cabernet-sauvignon, le cabernet blanc, le malbec et le morlot, quelques autres cépages, tels que le verdot, le cordet, les castets et le pignon, dans les parties basses.

La vendange a duré du 1er au 15 octobre et a fourni, pour les vignes françaises seulement, les données suivantes, rapportées à l'hectare :

Vin .... $20^{hl}20$

Poids
- des feuilles desséchées à 100° .... $1,080^k\ 2$
- des sarments desséchés à 100° 1,695 9
- des rafles desséchées à 100° 40 75
- des marcs desséchés à 100° 114 18
- des lies desséchées à 100° 12 1

Voici la composition de ces divers produits :

COMPOSITION DU VIN (PAR LITRE).

Azote	$0^{gr}287$
Acide phosphorique	0 425
Potasse	2 083
Chaux	0 157
Magnésie	0 068

COMPOSITION DES FEUILLES, DES SARMENTS, DES RAFLES ET DES MARCS.

DÉSIGNATION.	POUR 100 DE LA MATIÈRE SÉCHÉE À 100°.			
	FEUILLES.	SARMENTS.	RAFLES.	MARCS.
Azote	1.973	0.556	1.483	1.840
Cendres	11.925	3.643	10.997	7.545
Acide phosphorique	0.417	0.219	0.836	0.579
Potasse	2.255	1.040	5.070	2.865
Chaux	3.793	1.053	0.739	0.634
Magnésie	0.107	0.118	0.035	0.046

Ces résultats nous permettent de calculer les exigences de la vigne par hectare :

MATIÈRES FERTILISANTES ABSORBÉES PAR HECTARE.

DÉSIGNATION.	AZOTE.	ACIDE PHOSPHORIQUE.	POTASSE.	CHAUX.	MAGNÉSIE.
	kilogr.	kilogr.	kilogr.	kilogr.	kilogr.
Vin (20 hectol. 20)	0.580	0.858	4.107	0.317	0.137
Feuilles desséchées à 100° (1,080 kilogr. 2)	21.312	4.504	24.358	40.972	1.156
Sarments desséchés à 100° (1,695 kilogr. 9)	9.429	3.714	17.637	17.858	2.001
Rafles desséchées à 100° (40 kilogr. 75)	0.604	0.341	2.066	0.301	0.014
Marcs desséchés à 100° (114 kilogr. 18)	2.101	0.661	3.271	0.724	0.052
Lies desséchées à 100° (12 kilogr. 1)	0.210	0.071	1.310	0.357	traces.
Totaux	34.236	10.149	52.749	60.529	3.360

Si nous comparons la quantité de matières fertilisantes données dans la fumure à celle absorbée dans la vigne, nous trouvons :

DÉSIGNATION.	AZOTE.	ACIDE PHOSPHORIQUE.	POTASSE.
Donné dans la fumure	151k 0	155k 3	188k 7
Absorbé par la vigne	34 2	10 1	52 7
En excédent dans la fumure	116 8	145 2	136 0

Cette fumure est encore bien supérieure aux exigences de la vigne.

CHAPITRE II.

VIGNOBLES DE PALUS.

On donne le nom de *Palus* aux terres d'alluvions situées sur les bords de la Garonne, de la Dordogne et de la Gironde, ainsi qu'aux îles qui se trouvent dans ce dernier fleuve.

Les palus sont cultivés principalement en prairies, qui sont d'une grande fertilité. On les utilise aussi pour l'établissement de vignobles importants, qui fournissent des vins de bonne qualité, riches en couleur, mais inférieurs de beaucoup, comme finesse, aux vins qu'on récolte sur les croupes graveleuses avoisinantes du Médoc proprement dit.

Ce qui a surtout porté à transformer ces terres basses en vignobles, c'est leur fertilité, qui permet d'obtenir des rendements élevés, c'est aussi leur situation, qui permet de les submerger et de combattre ainsi le phylloxéra par un moyen efficace et peu coûteux. Aussi les palus sont-ils complantés de vignes françaises, maintenues à l'aide de ce mode de traitement.

Mais la qualité des vins de palus n'est pas uniforme; ici encore, il y a des différences entre les vins, dues surtout à la situation topographique des vignobles, ceux qui sont assez élevés au-dessus du niveau de l'eau donnant généralement de meilleurs vins. Parmi les palus les plus réputés se trouvent ceux de Cantenac, dont les vins sont supérieurs à ceux des palus ordinaires et dont les prix sont plus élevés.

Les terres de palus sont beaucoup plus riches que celles des graves; en outre, elles ne contiennent pas d'éléments grossiers, de sorte que, dans un cube de terre donné, il y a beaucoup plus d'éléments fertilisants à la disposition de la plante; elles ont enfin, en général, une très grande profondeur.

La richesse de ces sols permet de réduire et souvent de supprimer entièrement les fumures. D'ailleurs, ces vignes étant soumises à la pratique de la submersion, les eaux si vaseuses de la Gironde y déposent des limons d'une grande fertilité, qui constituent un précieux amendement.

Le mode de culture des vignes des palus est assez semblable à celui que nous avons exposé précédemment, en parlant des vignobles des croupes du Médoc proprement dit. Cependant il y a, dans ces deux modes, quelques différences sensibles.

Ainsi, le nombre de pieds, au lieu d'être de 10,000 environ à l'hectare, n'est que de 3,000 à 3,200; aussi les vignes y atteignent-elles un plus grand développement.

L'encépagement est principalement constitué par le cabernet-sauvignon, le malbec et le verdot; ce dernier cépage réussit bien dans les terrains profonds et frais; il fournit un vin très coloré, assez riche en alcool, et qui s'améliore par le vieillissement, mais il est long à acquérir son bouquet; on cultive les deux variétés du petit verdot et du gros verdot. On rencontre encore d'autres cépages, tels que le saint-macaire, le pignon, le mancin, les castets, etc.

La situation basse, à proximité du fleuve, la nature argileuse des terres susceptibles de retenir l'eau sont des causes qui retardent la maturité; la vendange est ordinairement plus tardive, d'environ 15 jours, que celle des croupes graveleuses.

Après les vendanges, ces vignes sont submergées; elles sont, d'ailleurs, situées d'une façon telle que la pratique de la submersion y est facile et s'effectue dans de bonnes conditions. Elles restent submergées pendant quarante ou quarante-cinq jours, soit jusque vers la fin de décembre.

On procède alors à la taille, qui se fait d'une façon presque identique à celle des côtes, les souches étant cependant maintenues plus élevées au-dessus du sol. Quelquefois la taille est à cordon, dite taille Cazenave, et consiste à laisser de longs bois garnis de branches à fruits, que l'on couche horizontalement sur le fil de fer. Sur ces branches à fruits, ayant environ 40 centimètres de long, on laisse cinq à huit yeux; on incline ces branches ou astes en les attachant à un deuxième fil de fer placé à 30 centimètres au-dessus du premier. On ménage aussi sur le pied un côt d'attente, c'est-à-dire un bois taillé à un seul œil, qui sert à remplacer, l'année suivante, ce cordon. Les opérations effectuées ensuite sont celles que nous avons déjà décrites pour les vignes en sols graveleux et se font de la même manière; nous n'y reviendrons donc pas ici.

Ces vignes ont besoin, plus encore que celles des croupes, de soufrages et de sulfatages, destinés à combattre les maladies cryptogamiques.

Les procédés de vinification ne diffèrent guère de ceux usités dans le reste du Médoc; beaucoup de propriétés, situées à proximité de la rivière, ont une partie de leurs vignes en graves et l'autre en palus; la vendange se fait séparément et les vins sont mis à part.

Nous avons choisi dans les palus deux vignobles exploités avec les soins les plus intelligents, et qui peuvent servir non seulement de types, mais aussi de modèles. Ce sont ceux de l'Étoile-Cantenac et de Moulin-d'Issan, dans lesquels nous avons obtenu les résultats qui suivent.

VIGNOBLE DE L'ÉTOILE-CANTENAC.

Ce vignoble appartient, comme celui de Brane-Cantenac, à M. G. Berger; il est situé sur le territoire de la commune de Cantenac.

Les terres ne renferment pas de matériaux grossiers et ne sont constituées que par des éléments fins, alluvions apportées par la Gironde.

Le sol a une grande profondeur; on ne trouve pas un sous-sol différent des parties superficielles.

Voici la composition de deux échantillons différents :

DÉSIGNATION.	POUR 1,000 DE TERRE FINE SÈCHE.					
	AZOTE.	ACIDE PHOSPHORIQUE.	POTASSE.	CARBONATE DE CHAUX.	MAGNÉSIE.	SESQUI-OXYDE DE FER.
Échantillon. n° 1.. Sol	0.639	1.166	4.709	8.0	2.196	61.39
Échantillon. n° 2.. Sol	1.794	1.439	4.199	2.0	2.340	63.71

Comme on le voit, ces terres sont plus riches que celles des vignes de Brane-Cantenac formant les croupes graveleuses avoisinantes. Elles sont très ferrugineuses et peu calcaires.

On comprend que de pareils sols puissent se passer de fumures.

La superficie du vignoble est de 13 hectares, plantés surtout en petit verdot, cabernet-sauvignon et malbec.

Le nombre de pieds à l'hectare est de 3,100.

En 1894, la vendange a été effectuée du 12 au 18 octobre; voici les observations recueillies dans ce vignoble, et rapportées à l'hectare :

Vin		37hl 50
Poids	des feuilles desséchées à 100°	846k 3
	des sarments desséchés à 100°	906 7
	des rafles (1) desséchées à 100°	97 5
	des marcs (1) desséchés à 100°	273 7
	des lies desséchées à 100°	22 5

(1) Calculé d'après les résultats des vignobles de palus voisins.

Voici la composition de ces divers produits :

COMPOSITION DU VIN (PAR LITRE).

Azote	0gr 423
Acide phosphorique	0 372
Potasse	1 630
Chaux	0 157
Magnésie	0 053

COMPOSITION DES FEUILLES, DES SARMENTS, DES RAFLES ET DES MARCS.

DÉSIGNATION.	POUR 100 DE LA MATIÈRE SÉCHÉE À 100°.			
	FEUILLES.	SARMENTS.	RAFLES.	MARCS.
Azote	2.198	0.569	1.489	2.006
Cendres	12.250	3.623	8.840	8.985
Acide phosphorique	0.407	0.218	0.529	0.573
Potasse	1.441	0.943	3.350	2.866
Chaux	4.404	1.039	0.792	0.332
Magnésie	0.229	0.027	0.149	0.045

Ces résultats nous permettent de calculer les exigences de la vigne, par hectare :

MATIÈRES FERTILISANTES ABSORBÉES PAR HECTARE.

DÉSIGNATION.	AZOTE.	ACIDE PHOSPHORIQUE.	POTASSE.	CHAUX.	MAGNÉSIE.
	kilogr.	kilogr.	kilogr.	kilogr.	kilogr.
Vin (37 hectol. 5)	1.586	1.395	6.112	0.589	0.199
Feuilles desséchées à 100° (846 kilogr. 3)	18.602	3.444	12.195	37.271	1.938
Sarments desséchés à 100° (906 kilogr. 7)	5.159	1.977	8.550	9.420	0.245
Rafles desséchées à 100° (97 kilogr. 5)	1.451	0.516	3.266	0.772	0.145
Marcs desséchés à 100° (273 kilogr. 7)	5.490	1.568	7.844	0.909	0.123
Lies desséchées à 100° (22 kilogr. 5)	0.390	0.133	2.434	0.663	traces.
Totaux	32.678	9.033	40.401	49.624	2.650

Les exigences de cette culture, malgré la quantité relativement élevée de vin que donnent ces vignobles plus fertiles que ceux des terres des graves, ne sont pas plus grandes que dans ces dernières. Le nombre de pieds à l'hectare, qui n'est que de 3,100, c'est-à-dire trois fois moindre que dans les vignobles de côtes, doit être considéré comme la cause principale de ce faible besoin.

VIGNOBLE DE MOULIN-D'ISSAN.

Le vignoble de Moulin-d'Issan est situé, comme le précédent, sur le territoire de la commune de Cantenac.

Il appartient à M. G. Roy, et confine au vignoble de Château-d'Issan, que nous avons étudié plus haut.

La submersion y est pratiquée; elle commence en décembre et finit en février; le sol est recouvert d'une couche d'eau de 0 m. 20 à 0 m. 40 de hauteur.

A partir du commencement de mars, on pratique les labours et les autres façons culturales, comme dans les vignobles des graves; on effectue également les soufrages et les sulfatages avec beaucoup de soins.

Voici la composition des terres de ce domaine; leur profondeur est très grande et elles sont entièrement constituées par des alluvions :

DÉSIGNATION.	POUR 1,000 DE TERRE FINE SÈCHE.					
	AZOTE.	ACIDE PHOSPHORIQUE.	POTASSE.	CARBONATE DE CHAUX.	MAGNÉSIE.	SESQUI-OXYDE DE FER.
Sol	2.085	1.203	3.927	7.6	2.160	76.45
Sous-sol	1.549	1.015	3.655	5.0	3.384	70.65

Ces terres sont très riches en éléments fertilisants; elles sont peu calcaires, mais contiennent de grandes quantités d'oxyde de fer. Elles sembleraient pouvoir se passer de fumures; cependant, on a l'habitude de leur donner des engrais chimiques, contenant seulement l'acide phosphorique et la potasse. Cette fumure, répétée chaque année, fournit au sol les quantités suivantes d'éléments fertilisants, par an et par hectare :

Acide phosphorique	66^k 0
Potasse	73 6

Ces deux éléments, le dernier surtout, étant en quantité notable dans le sol, on pourrait facilement négliger cet apport.

La superficie du vignoble en expérience est de 45 hectares.

Le nombre de pieds à l'hectare est de 3,000, comprenant pour la moitié du petit verdot, pour un quart du cabernet-sauvignon, le dernier quart renfermant du gros verdot, avec quelques autres cépages : saint-macaire et mancin.

La coulure a été très forte en 1894; mais les vignes ont été très bien défendues contre l'oïdium et le mildew.

La vendange a duré du 11 au 24 octobre, par un très beau temps.

Voici les observations recueillies, rapportées à l'hectare :

Vin		30^{hl}0
Poids	des feuilles desséchées à 100°	852^k 0
	des sarments desséchés à 100°	846 0
	des rafles desséchées à 100°	101 7
	des marcs desséchés à 100°	154 1
	des lies desséchées à 100°	18 0

La composition de ces divers produits de la vigne est la suivante :

COMPOSITION DU VIN (PAR LITRE).

Azote	0gr 355
Acide phosphorique	0 304
Potasse	1 528
Chaux	0 149
Magnésie	0 051

COMPOSITION DES FEUILLES, DES SARMENTS, DES RAFLES ET DES MARCS.

DÉSIGNATION.	POUR 100 DE LA MATIÈRE SÉCHÉE À 100°.			
	FEUILLES.	SARMENTS.	RAFLES.	MARCS [1].
Azote	2.257	0.549	1.569	2.006
Cendres	12.200	4.202	9.645	8.985
Acide phosphorique	0.506	0.281	0.841	0.573
Potasse	1.635	1.055	3.891	2.866
Chaux	4.392	1.224	0.831	0.332
Magnésie	0.208	0.166	0.170	0.045

[1] Composition des marcs de l'Étoile-Cantenac.

Ces données nous permettent de calculer les exigences de la vigne par hectare :

MATIÈRES FERTILISANTES ABSORBÉES PAR HECTARE.

DÉSIGNATION.	AZOTE.	ACIDE PHOSPHORIQUE.	POTASSE.	CHAUX.	MAGNÉSIE.
	kilogr.	kilogr.	kilogr.	kilogr.	kilogr.
Vin (30 hectolitres)	1.065	0.912	4.584	0.447	0.153
Feuilles desséchées à 100° (852 kilogrammes)	19.230	4.311	13.930	37.420	0.772
Sarments desséchés à 100° (846 kilogrammes)	4.644	2.377	8.925	10.355	1.404
Rafles desséchées à 100° (101 kilogr. 7)	1.596	0.855	3.957	0.845	0.173
Marcs desséchés à 100° (154 kilogr. 1)	3.091	0.883	4.416	0.512	0.069
Lies desséchées à 100° (18 kilogrammes)	0.312	0.106	1.950	0.531	traces.
TOTAUX	29.938	9.444	37.762	50.110	3.571

On voit par les chiffres ci-dessus que les exigences des vignes de palus sont relativement faibles, et qu'avec des rendements plus élevés, elle ne demandent pas au sol autant de principes fertilisants que les vignes des graves, qui sont moins productives.

Considérations sur la fumure des vignes du Médoc. — Dans ces recherches, nous avons passé en revue les conditions de situation et de climat dans lesquelles sont placés les vignobles du Médoc, les procédés de culture et de vinification qui y sont employés, la composition des sols qui les constituent, les exigences de la vigne en principes fertilisants, les fumures qu'on met à sa disposition.

C'est sur ces derniers points surtout que nous devons insister, car ils ont été le principal but de nos observations.

Envisageons séparément les deux parties distinctes qui forment le Médoc :

D'un côté, le Médoc proprement dit, avec ses croupes légèrement ondulées, qui produisent les vins si appréciés auxquels la région doit son antique réputation;

De l'autre, les palus, terres d'alluvions formant les parties basses, sur le bord du fleuve, qui produisent des vins ordinaires de bonne qualité.

Dans l'un et l'autre cas, c'est la vigne française qui forme la base des vignobles; elle est maintenue, dans les vignobles des coteaux, par des traitements insecticides au sulfocarbonate de potassium et au sulfure de carbone; dans les palus, par la submersion, facile à appliquer.

Dans le Médoc proprement dit, le sol est constitué par des croupes silico-graveleuses; des cailloux blancs forment une partie de sa masse; là où ils sont plus abondants et plus gros, on produit les vins les plus fins. C'est un fait bien reconnu que cette influence de la grosse grave sur la qualité des vins. Dans les crus les plus renommés, elle forme les deux tiers et même les trois quarts de la masse terreuse. De pareils sols, constitués surtout par de gros cailloux roulés, ne sauraient être riches; les analyses que nous avons faites des terres des vignobles montrent que celles-ci ne contiennent que de très faibles quantités d'éléments fertilisants; aucune culture ne pourrait y prospérer sans l'apport de fortes fumures.

Aussi les viticulteurs du Médoc, sans peut-être s'être rendu compte de l'extrême pauvreté de leurs sols, leur apportent-ils d'abondantes fumures; ils savent que celles-ci sont indispensables au maintien et à la prospérité de la vigne.

Nous avons mesuré ces apports d'engrais, afin de rechercher s'ils sont suffisants et quel est le rapport entre les besoins de la plante et l'alimentation qu'elle reçoit.

Les quantités de principes fertilisants que nous retrouvons dans tous les organes de la vigne et qu'elle a empruntés au sol pour produire les feuilles, les sarments et les fruits, doivent nous guider dans cette étude.

Nous avons constaté que, dans la région du Médoc proprement dit, elles sont en moyenne de 42 kilogrammes d'azote, 14 kilogrammes d'acide phosphorique, et 57 kilogrammes de potasse par hectare. Ce sont des exigences relativement élevées, sauf pour l'acide phosphorique, qui n'est absorbé qu'en minime quantité, comme nous l'avons déjà constaté précédemment dans des études antérieures. La potasse est surtout en proportion élevée. Chaque année, la plante emprunte au sol les quantités de principes fertilisants que nous venons d'indiquer.

Le sol, livré à ses propres ressources, ne saurait les fournir et c'est surtout aux fumures que la vigne doit les demander.

Nous avons vu quelles sont les ressources du Médoc en matériaux fertilisants. Outre ses fumures d'étable, il utilise les gadoues de Bordeaux, les végétaux des landes, les terres d'amendements qu'il possède en abondance : vases de la Gironde, curures de fossés, terres de landes, etc.; il est donc à même de remédier à la pauvreté du sol de ses vignobles.

Nous avons étudié l'origine, la composition, le mode d'emploi de ces divers matériaux, et nous avons pu ainsi établir les quantités de principes fertilisants apportés à la vigne et les comparer à ce qu'elle absorbe dans sa végétation annuelle.

Nous avons ainsi trouvé, en moyenne, pour les vignobles dans lesquels nous avons établi nos observations, les quantités suivantes d'éléments fertilisants entrant en jeu, par an et par hectare :

DÉSIGNATION.	AZOTE.	ACIDE PHOSPHORIQUE.	POTASSE.
	kilogr.	kilogr.	kilogr.
Apporté par les fumures....................	167.0	138.0	171.0
Absorbé par la vigne........................	42.0	14.0	57.0
En excédant dans les fumures................	125.0	124.0	114.0

Ces chiffres montrent que les viticulteurs du Médoc apportent au sol, par la fumure, environ quatre fois plus d'azote, dix fois plus d'acide phosphorique, trois fois plus de potasse que ce que la vigne en absorbe, sans même tenir compte des apports notables de potasse par le sulfocarbonate de potassium, là où il est employé.

Les quantités d'éléments fertilisants absorbés par la vigne ne sont pas exportées du domaine. Nous voyons, en effet, dans les tableaux dans lesquels nous résumons les proportions de matières fertilisantes entrant dans la constitution de 1 hectare de vignes, que ce sont surtout les feuilles et les sarments qui renferment ces éléments fertilisants; les feuilles restent en grande partie sur le sol; les marcs et les rafles y retournent par l'intermédiaire des composts, ainsi que les cendres de sarments. Le vin seul est totalement exporté. Or, il ne contient que des quantités extrêmement minimes d'éléments fertilisants, soit 1, 2 ou 3 p. 100 tout au plus, de ce qui est donné dans la fumure.

Les apports d'engrais surpassent donc de beaucoup l'exportation définitive qui se fait par le vin.

Ces résultats pourraient porter à conseiller de réduire les fumures, mais des considérations d'un autre ordre doivent intervenir.

La pratique montre que, sans cette abondante fumure, la vigne périclite; c'est un fait d'observation contre lequel les déductions théoriques ne sauraient prévaloir. Il est vrai de dire que le sol en lui-même n'offre aucune ressource à la vigne et que ces engrais, si abondamment donnés, le sont sous une forme très peu assimilable et qui ne saurait être comparée à celle des engrais chimiques à action rapide.

D'un autre côté, les sols du Médoc sont essentiellement perméables et ne retiennent pas les engrais; aussi trouvons-nous le sol, malgré les abondants apports qui lui sont faits, conserver une pauvreté telle qu'il exige toujours de nouveaux apports. Les conditions économiques dans lesquelles le Médoc est d'ailleurs placé, avec le prix élevé de ses vins, doit engager à faire les sacrifices qui peuvent augmenter la récolte et qu'un faible excédent de celle-ci compense largement.

Quoi qu'il en soit, les fumures données aux vignes du Médoc dépassent de beaucoup celles qu'on donne aux plantes de grande culture les plus exigeantes. Ce n'est pas seulement dans les vignobles produisant des crus ordinaires, mais aussi dans ceux dont la supériorité est incontestée, qu'on apporte ces énormes quantités de matériaux fertilisants, et cela depuis un temps immémorial. La qualité de ces vins, si appréciés dans le monde entier, n'en est pas affectée.

On admet généralement que les fumures ont une influence défavorable sur la finesse et sur le bouquet des vins; quelle preuve plus évidente de l'inexactitude de cette assertion peut-on donner que les chiffres que nous avons cités plus haut?

Déjà, en parlant des vignobles de la Champagne, dont les produits ont une si extrême délicatesse, avons-nous fait remarquer que c'est également par l'apport de grandes quantités de matériaux fertilisants qu'on produit les récoltes, sans que pour cela les qualités propres à ces vins en soient amoindries.

Malgré la différence des vins du Médoc et ceux de la Champagne, malgré la différence dans le climat, dans le mode de culture, on peut rapprocher, dans une certaine mesure, ces deux vignobles, par cette condition commune d'un sol primitif extrêmement pauvre servant surtout de support à la plante, et d'une alimentation en quelque sorte artificielle, à l'aide de fumures abondantes, qui permettent presque de les rapprocher des cultures maraîchères.

Il convient de faire remarquer ici que ce n'est pas sous forme d'engrais chimiques ou concentrés que les matières fertilisantes sont apportées à ces vignes, mais sous celles de matières volumineuses: fumiers, gadoues, composts, terres d'amendements, etc. Peut-être en appliquant des engrais chimiques à action plus rapide, tels que le nitrate de soude, la qualité des vins se trouverait-elle modifiée. Ces derniers paraissent convenir surtout aux vins communs des vignobles où l'on recherche plus la production que la qualité.

On peut se demander si, dans les vignes si abondamment fumées du Médoc, on ne pourrait pas obtenir de plus forts rendements, sans pour cela déprimer la qualité. C'est une expérience à tenter en laissant, au moment de la taille, plus de bourgeons à fruits. Une semblable expérience ne devrait se faire qu'avec une grande réserve, l'augmentation de la récolte influant le plus souvent d'une manière défavorable sur la qualité du vin. Ce n'est qu'en présence des fumures extraordinairement élevées et du développement végétatif très grand de la vigne, que nous conseillons de faire quelques tentatives dans ce sens.

Quant à la région des palus, elle est dans des conditions bien différentes de situation et de constitution des sols. Il y a peu de chose à dire en ce qui la concerne, si ce n'est que les exigences de la vigne y sont moins élevées que dans le Médoc proprement dit, ce qui tient surtout à ce que les pieds de vigne y sont plus espacés; en outre, la richesse de ses terres, constituées par des alluvions, et leur profondeur rendent inutiles des apports d'engrais; il y a dans le sol un stock d'éléments fertilisants qui permet d'obtenir des récoltes, sans se préoccuper de l'appauvrissement du sol. D'ailleurs, les limons de la Gironde, qui se déposent pendant la durée de la submersion, constituent un amendement qui dispense de recourir à d'autres fumures.

CHAPITRE III.

VIGNOBLES DES GRAVES.

On appelle *Graves proprement dites* une région située à proximité de Bordeaux, sur la rive gauche de la Garonne, et qui s'étend depuis la ville jusqu'à 20 kilomètres au sud et 8 kilomètres à l'ouest; elle ne fait pas partie du Médoc, qu'elle sépare du pays de Sauternes.

Elle produit des vins rouges estimés, ordinairement moins bouquetés que ceux du Médoc, quoique souvent payés aussi cher. On y fait aussi des vins blancs.

Les crus les plus connus sont ceux de Haut-Brion, Pape Clément, Mission-Haut-Brion, Haut-Bailly, etc.

Le vignoble des Graves se subdivise en deux parties, qui diffèrent par la nature de leurs sols et la qualité de leurs vins: les grandes Graves, où le sol, de formation pliocène, est silico-graveleux et où les cailloux sont très abondants et en général très gros; les petites Graves, qui produisent des vins moins fins et dont les sols sont plus sablonneux, comprenant souvent des sables purs et aussi des palus, sur les bords de la Garonne.

Les sous-sols sont constitués souvent par l'alios, par l'argile ou par les cailloux siliceux roulés; quelquefois aussi ils sont calcaires.

Les grandes Graves comprennent principalement les communes de Pessac, Talence, Mérignac, Léognan, etc.

Les petites Graves, celles de Cadaujac, Isle-Saint-Georges, Beautiran, Portets, Cérons, etc.

Les vins rouges sont produits par le cabernet-sauvignon, le petit cabernet, le gros cabernet, le petit verdot, le merlot et le malbec.

Les vins blancs par le sauvignon, le sémillon, la muscadelle, le blanc-verdot et l'enrageat.

Les ceps sont plantés à une distance de 1 m. 10 en tous sens. La bifurcation des bras est à une distance variant de 0 m. 25 à 0 m. 50. Le plus souvent, les bras et leurs pousses sont liés verticalement autour d'un échalas de 1 m. 50 à 2 mètres de hauteur; quelquefois, les sarments sont attachés à des fils de fer qui courent sur deux rangs à 0 m. 40 et à 0 m. 90 au-dessus du sol. Quelquefois aussi on la dispose comme en Médoc, à l'aide de lattes ou de fils de fer.

Les modes de culture, de taille, se font comme en Médoc. Après les vendanges, on donne souvent, du 15 octobre à fin novembre, une façon d'hiver, comprenant un déchaussage et un rechaussage; quand la végétation s'est arrêtée, on commence l'épandage des fumures.

On opére dans le courant de l'hiver les complantations à l'aide de plants enracinés.

Vers le 15 novembre commence la taille, qui dure jusqu'en février; on la pratique à la serpe ou au sécateur, en laissant de deux à quatre astes à trois yeux chacune, parfois une aste pliante de 0 m. 60 environ de longueur, quand le pied est très vigoureux; on laisse de deux à quatre côts.

Après la taille, on procède au remplacement des carassons, à la réparation des fils de fer, au badigeonnage des astes avec le sulfate de fer, etc.

En février ou mars, on donne une façon comprenant le déchaussage et le rechaussage, puis, successivement, le premier traitement contre l'oïdium à l'aide de la sablette, quand les pousses ont environ 0 m. 10 de longueur (fin avril), le deuxième traitement à la floraison (fin mai), et le troisième fin juin, ces deux derniers étant pratiqués à l'aide du soufflet.

Les traitements à la bouillie bordelaise s'effectuent, le premier, fin mai, le deuxième, fin juin, et le troisième, fin juillet; avant le premier sulfatage, on fait un premier rognage; à la fin de juin, on en fait un second.

Les fumures sont employées sous forme de fumiers d'étable et de gadoues; on forme aussi, comme en Médoc, des composts avec les curures de fossés ou d'étangs, herbes, feuilles et détritus de toutes sortes, auxquels on ajoute du fumier, de la chaux, etc., en mettant environ deux tiers de terre et un tiers de fumiers. Ces composts se rapprochent de ceux du Médoc.

Dans les Graves, les travaux à la tâche, exécutés par ce qu'on appelle les prix-faiteurs, sont rares; ils sont surtout confiés à des domestiques payés à l'année ou à la journée; la journée de l'homme est en moyenne de 2 fr. 50, celle de la femme de 1 franc.

La vendange, l'égrappage, la vinification, se font comme en Médoc. On sépare le vin des jeunes vignes de celui des vignes plus âgées, qui forme le grand vin. Les vins de presse sont mis à part.

Les vignes sont défendues contre le phylloxéra par des traitements au sulfocarbonate ou au sulfure de carbone; la submersion est pratiquée partout où elle peut l'être, c'est-à-dire sur les bords de la rivière.

Beaucoup de vignes ont été reconstituées par des cépages américains qui n'ont pas donné de bons résultats, probablement à cause de la grande variation des sols et surtout des sous-sols, qui changent de constitution d'un endroit à l'autre.

Composition des sols. — Les échantillons de terre que nous avons prélevés aux environs de Pessac, dans les vignobles qui caractérisent le mieux la région où l'on produit les meilleurs crus, ont présenté la composition suivante :

DÉSIGNATION.	POUR 1,000 DE TERRE NATURELLE SÈCHE.		
	TERRE FINE.	CAILLOUX	
		SILICEUX.[1]	CALCAIRES.
Échantillon n° 1. Sol	255	745	0
Échantillon n° 2. Sol	336	664	0

Ces terres sont exceptionnellement graveleuses, de gros cailloux y entrant dans la proportion des deux tiers et même des trois quarts de la masse. Mais tous les sols ne sont pas aussi abondamment pourvus d'éléments grossiers; ceux que nous donnons ici sont les plus estimés pour la qualité des produits qu'ils fournissent. Le sous-sol, à la profondeur de 0 m. 40, est de même nature.

La composition de la terre fine est donnée dans le tableau ci-dessous :

DÉSIGNATION.	POUR 1,000 DE TERRE FINE SÈCHE.					
	AZOTE.	ACIDE PHOSPHORIQUE.	POTASSE.	CARBONATE DE CHAUX.	MAGNÉSIE.	SESQUI-OXYDE DE FER.
Échantillon n° 1	0.496	0.451	1.139	3.4	1.008	8.10
Échantillon n° 2	0.583	0.301	0.986	4.2	0.900	6.94

Si l'on tient compte des cailloux mêlés à la terre, on trouve, pour 1,000 de terre naturelle sèche, la composition suivante :

DÉSIGNATION.	POUR 1,000 DE TERRE NATURELLE SÈCHE.						
	AZOTE.	ACIDE PHOSPHORIQUE.	POTASSE.	CARBONATE DE CHAUX		MAGNÉSIE.	SESQUI-OXYDE DE FER.
				FIN.	PIERREUX.		
Échantillon n° 1	0.126	0.115	0.290	0.87	0	0.257	2.06
Échantillon n° 2	0.196	0.101	0.331	1.41	0	0.302	2.33

Ces terres sont donc d'une pauvreté très grande en principes fertilisants et doivent être aidées par d'abondantes fumures.

Celles qu'on donne le plus communément consistent en fumier d'étable, que l'on répand à raison de 150 mètres cubes tous les trois ou quatre ans, soit environ 43 mètres cubes par hectare et par an, apportant les quantités suivantes d'éléments fertilisants :

Azote	120k 4
Acide phosphorique	77 4
Potasse	154 8

On fait aussi usage de composts fabriqués avec des terres de fossés, des curures d'étangs, mélangés à du fumier; mais on les réserve surtout pour les nouvelles plantations; à ce moment on en met 70 à 80 mètres cubes à l'hectare.

Voici les observations recueillies en 1894, rapportées à l'hectare, en adoptant, pour la quantité de récolte, le chiffre moyen de 25 hectolitres :

Poids	des feuilles desséchées à 100°	920k 5
	des sarments desséchés à 100°	1,424 5
	des rafles desséchées à 100°	65 0
	des marcs desséchés à 100°	178 25
	des lies desséchées à 100°	15 0

La composition de ces divers produits de la vigne est la suivante :

COMPOSITION DU VIN (PAR LITRE).

Azote	0gr 377
Acide phosphorique	0 320
Potasse	1 782
Chaux	0 131
Magnésie	0 060

COMPOSITION DES FEUILLES, DES SARMENTS, DES RAFLES ET DES MARCS.

DÉSIGNATION.	POUR 1,000 DE LA MATIÈRE SÉCHÉE À 100°.			
	FEUILLES.	SARMENTS.	RAFLES.	MARCS (1).
Azote	2.000	0.536	1.185	1.985
Cendres	13.028	3.245	9.095	7.500
Acide phosphorique	0.365	0.203	0.453	0.602
Potasse	1.481	0.920	4.390	2.704
Chaux	4.341	0.977	0.815	0.500
Magnésie	0.188	0.095	0.020	0.061

(1) Moyenne des vignobles voisins, pour le vin et les marcs.

Ces données permettent de calculer l'absorption des matières fertilisantes pour un hectare de vignes.

MATIÈRES FERTILISANTES ABSORBÉES PAR HECTARE.

DÉSIGNATION.	AZOTE.	ACIDE PHOSPHORIQUE.	POTASSE.	CHAUX.	MAGNÉSIE.
	kilogr.	kilogr.	kilogr.	kilogr.	kilogr.
Vin (25 hectolitres)	0.942	0.800	4.455	0.327	0.150
Feuilles desséchées à 100° (920 kilogr. 5)	18.410	3.360	13.633	39.959	1.730
Sarments desséchés à 100° (1,424 kilogr. 5)	7.635	2.892	13.105	13.917	1.353
Rafles desséchées à 100° (65 kilogr.)	0.770	0.294	2.853	0.530	0.013
Marcs desséchés à 100° (178 kilogr. 25)	3.538	1.073	4.820	0.891	0.109
Lies desséchées à 100° (15 kilogrammes)	0.260	0.088	1.622	0.442	traces.
Totaux	31.555	8.507	40.488	56.066	3.355

Nous voyons que, dans cette région, les exigences de la vigne sont moins élevées et que les apports de matières fertilisantes par les fumures les dépassent de beaucoup; nous avons en effet :

DÉSIGNATION.	AZOTE.	ACIDE PHOSPHORIQUE.	POTASSE.
Apporté par la fumure	120k 4	77k 4	154k 8
Absorbé par la vigne	31 6	8 5	40 5
En excédant dans la fumure	88 8	68 9	114 3

CHAPITRE IV.

VIGNOBLES DU SAINT-ÉMILIONNAIS ET DE POMEROL.

Les vignobles qui s'étendent le long de la Dordogne produisent des vins rouges et des vins blancs de qualités très variées; cette région comprend des vignobles assez estimés, principalement ceux de Sainte-Foy, etc. Ce sont les communes de Saint-Émilion et de Pomerol qui fournissent les vins les plus réputés.

Saint-Émilion et les communes avoisinantes, dont les vins sont si appréciés, sont situés sur une ligne de coteaux parallèle à la Dordogne, qui coule à 3 ou 4 kilomètres environ de leur base; la vigne est cultivée sur les pentes de ces coteaux et jusque dans la plaine qui s'étend vers la rivière.

Ces coteaux s'étendent de l'ouest à l'est, depuis Saint-Émilion jusqu'à Saint-Étienne-de-Lisse, sur une longueur de 7 à 8 kilomètres, avec une largeur moyenne de 3 kilomètres.

Au nord et à l'est de cette première ligne de coteaux en existent plusieurs autres, formant la plus grande partie des cantons de Lussac et de Castillon, avec d'importants vignobles.

Le sol de ces coteaux a une composition variable; le terrain est surtout argilo-calcaire et ferrugineux, généralement peu profond, surtout sur les coteaux. Le sous-sol est formé par le calcaire éocène, souvent exploité pour matériaux de construction.

Au pied des coteaux, dans la plaine formée par les alluvions, la terre est au contraire profonde; les vignobles qui y sont cultivés produisent des vins moins estimés que ceux des coteaux, mais qui ont cependant de la qualité. Là, le sol est argilo-siliceux, et le sous-sol généralement de même nature que le sol, sauf en quelques points où il constitue un conglomérat assez compact.

Le climat est celui du sud-ouest, c'est-à-dire relativement doux et humide; cependant, il diffère du climat du Médoc en ce que les pluies y sont moins fréquentes, l'air moins chargé de vapeur d'eau, les hivers plus rigoureux et les étés plus secs.

Les cépages sont choisis dans les meilleures espèces à vins fins de la Gironde; ce sont le cabernet-sauvignon et les autres variétés de cabernets, le malbec et le merlot.

Dans les côtes du Saint-Émilionnais et, en général, dans les crus de qualité, la vigne est cultivée en plein. Les pieds sont à 1 m. 33 environ en tous sens; la hauteur des souches, jusqu'à la bifurcation des bras, est de 0 m. 40 à 0 m. 50; on laisse deux ou trois bras, dont les astes sont fixées autour d'un échalas de 2 mètres à 2 m. 50 de hauteur, ou palissées sur deux ou trois carassonnes de 1 m. 30 environ de haut, plantées dans la ligne. Dans beaucoup de vignobles, on emploie deux rangs de fils de fer au lieu des échalas.

Les vignes reçoivent, le plus souvent, trois ou quatre façons. Ces labours et les autres soins culturaux se donnent aux mêmes époques et de la même manière qu'en Médoc, et dans toutes les régions avoisinantes.

Aussitôt les vendanges terminées, on s'occupe des fumures; si le temps le permet, on déchausse, à la charrue, les pièces destinées à être traitées au sulfocarbonate ou au sulfure dissous; dans d'autres vignobles, on profite des derniers jours de beau temps pour appliquer le sulfure de carbone au pal. On applique, à la même époque, les fumiers et les terreaux ou gadoues de Bordeaux.

S'il y a des vignes à arracher ou à défoncer pour une replantation, c'est également dans cette saison qu'on s'en occupe. Ces divers travaux s'exécutent en octobre, novembre et décembre, puis on procède à la taille et au remplacement des échalas.

En mars et avril, on fait un labour qui consiste à déchausser les vignes et on en profite pour préparer les cuvettes nécessaires au traitement de printemps, quand on emploie les insecticides véhiculés par l'eau.

En mai, quand la vigne est déjà poussée, on fait le premier soufrage, le soufre étant additionné parfois de sulfate de cuivre pulvérisé, puis un second labour sert à rechausser la vigne. Le premier sulfatage se fait vers la fin du mois.

En juin et juillet, on continue les labours, les soufrages et les traitements à la bouillie bordelaise; ces divers travaux sont effectués jusqu'aux environs des vendanges, suivant les années.

Les fumures les plus utilisées dans ces régions pauvres en amendements, sont les bourriers, dits *terreaux de Bordeaux*, auxquels s'ajoutent les fumiers produits dans les exploitations et que l'on utilise en nature, ou en mélange avec des terres d'amendements, des curures de fossés, etc. On emploie également des engrais chimiques.

Une partie des vignobles est constituée par de vieilles vignes françaises, franches de pied, qu'on conserve à l'aide de traitements insecticides, l'autre par des cépages greffés sur racines américaines.

Pour les replantations sur cépages américains, le porte-greffe qui paraît donner les meilleurs résultats est le riparia. On emploie aussi les rupestris, le solonis, le vialla, le jacquez et le york-madeira, se guidant, pour le choix, suivant la nature du sol.

Le greffon est pris sur les cépages français usuels dans la région.

Dans certains vignobles, on ajoute, à ces cépages noirs, des cépages blancs en faible proportion, surtout le sauvignon blanc et le sémillon, qui rendent les vins plus riches en alcool et leur donnent de la finesse. Voici comment s'opère la vendange : le raisin est coupé par des vendangeurs et mis dans des paniers en bois étanches; des enfants, faisant l'office de vide-paniers, à raison d'un pour cinq rangs de coupeurs, vident les paniers pleins dans des bastes, ou bacs en bois, ayant deux anses. Deux hommes portent les bastes pleines au bord des allées, pour les charger sur des charrettes, qui les amènent au fouloir. L'égrappage est pratiqué actuellement d'une façon plus générale qu'autrefois et il y a une tendance très louable à se rapprocher des pratiques du Médoc.

Les vaisseaux dans lesquels se fait la fermentation sont à peu près les mêmes que ceux du Médoc; ce sont des cuves ouvertes ou fermées. On ne fait dans chaque domaine qu'un seul vin, mais dans lequel n'entre pas celui qui provient de l'expression des marcs.

Les conditions météorologiques de l'année 1894 n'ont pas été favorables à la vigne; dès le mois de février, un temps doux a régné et s'est prolongé jusqu'en mars, faisant prévoir une année précoce, comme 1893; la végétation était déjà assez avancée quand des temps froids et humides sont survenus et ont duré jusqu'au moment de la floraison; aussi la coulure a-t-elle été considérable; les mois de mai à août, quoique peu pluvieux, ont été relativement froids et le ciel était souvent couvert. Ces diverses conditions ont fait craindre pour la qualité de la récolte pendante, mais, vers le milieu d'août, les chaleurs sont survenues et se sont prolongées, presque sans interruption, jusqu'aux vendanges, qui, effectuées en octobre, par un temps assez chaud, ont donné des vins de bonne qualité. La récolte a été peu abondante; les maladies cryptogamiques ont sévi avec intensité, mais, dans les vignobles bien soignés, les soufrages et les sulfatages en ont eu raison.

VIGNOBLE DE CHÂTEAU-SAINT-GEORGES-CÔTE-PAVIE.

(PREMIER CRU SAINT-ÉMILION.)

Le vignoble de Château-Saint-Georges est situé sur le territoire de la commune de Saint-Émilion et au lieu dit *côte Pavie;* il est classé parmi les premiers crus de Saint-Emilion.

Il appartient à M. Jules Charoulet.

La contenance de la propriété est de 6 hect. 40 en vieilles vignes françaises, conservées par des traitements antiphylloxériques au sulfure de carbone, appliqué à l'aide du pal.

Les vignes sont en coteau; les terres ne contiennent pas de cailloux; elles sont argilo-calcaires; la roche affleure à la partie supérieure du coteau.

Voici la composition de deux échantillons de terres, pris l'un à la partie moyenne du coteau, l'autre, vers la partie supérieure.

DÉSIGNATION.		POUR 1,000 DE TERRE NATURELLE SÈCHE.					
		AZOTE.	ACIDE PHOSPHORIQUE.	POTASSE.	CARBONATE DE CHAUX.	MAGNÉSIE.	SESQUI-OXYDE DE FER.
Milieu du coteau	Sol	0.298	0.444	2.006	29.2	0.918	27.76
	Sous-sol	0.258	0.338	1.887	8.0	0.360	24.29
Haut du coteau	Sol	0.457	0.978	2.958	310.0	0.810	39.33
	Sous-sol	0.199	0.714	2.363	420.0	0.720	30.07

Ces terres sont pauvres en azote et en acide phosphorique, assez riches en potasse.

Dans la partie supérieure du coteau, le calcaire est en proportion très élevée, atteignant 31 p. 100 pour le sol et 42 p. 100 pour le sous-sol; l'effritement de la roche sous-jacente amène cette grande quantité de chaux.

Avec une pareille composition, on doit se préoccuper de suppléer à l'insuffisance des principes fertilisants par des apports d'engrais. Les fumures se composent de bourriers de Bordeaux, dont on répand tous les deux ans 12,500 kilogrammes par journal de 32 ares 10, soit 18,500 kilogrammes par hectare et par an, qui apportent au sol les quantités suivantes de principes fertilisants :

Azote	71 kilogr.
Acide phosphorique	91
Potasse	83

L'exploitation ne possédant pas de bétail, c'est la seule fumure que reçoit la vigne; elle est sensiblement inférieure à celle que nous avons constatée pour le Médoc.

Dans cette exploitation, les travaux sont principalement faits à façon, les labours, les soufrages et les sulfatages, ainsi que les autres travaux, sont faits aux mêmes époques et de la même manière que dans les autres vignobles de la région.

La vendange a été faite au milieu d'octobre; on n'a égrappé que partiellement.

Voici les observations recueillies dans l'année 1894, rapportées à l'hectare :

Vin		13hl 35
Poids	des feuilles desséchées à 100°	1,009k 12
	des sarments desséchés à 100°	1,382 87
	des marcs et rafles réunis desséchés à 100°	132 16
	des lies desséchées à 100°	8 00

Voici la composition de ces divers produits :

COMPOSITION DU VIN (PAR LITRE).

Azote	0gr 441
Acide phosphorique	0 346
Potasse	1 710
Chaux	0 157
Magnésie	0 057

COMPOSITION DES FEUILLES, DES SARMENTS ET DES MARCS.

DÉSIGNATION.	POUR 100 DE LA MATIÈRE SÉCHÉE À 100°.		
	FEUILLES.	SARMENTS.	RAFLES ET MARCS.
Azote	2.079	0.602	2.165
Cendres	12.870	3.392	10.550
Acide phosphorique	0.436	0.244	0.618
Potasse	1.197	0.844	3.831
Chaux	5.211	1.102	0.662
Magnésie	0.180	0.114	0.110

Ces données nous permettent d'établir le tableau suivant, concernant les quantités de principes fertilisants absorbées par hectare :

MATIÈRES FERTILISANTES ABSORBÉES PAR HECTARE.

DÉSIGNATION.	AZOTE.	ACIDE PHOSPHORIQUE.	POTASSE.	CHAUX.	MAGNÉSIE.
	kilogr.	kilogr.	kilogr.	kilogr.	kilogr.
Vin (13 hectol. 35)	0.589	0.462	2.283	0.209	0.076
Feuilles desséchées à 100° (1,009 kilogr. 12)	20.980	4.400	12.079	52.585	1.816
Sarments desséchés à 100° (1,382 kilogr. 87)	8.325	3.374	11.671	15.239	1.576
Rafles et marcs desséchés à 100° (132 kilogr. 16)	2.861	0.817	5.063	0.875	0.145
Lies desséchées à 100° (8 kilogrammes)	0.140	0.048	0.874	0.238	traces.
TOTAUX	32.895	9.161	31.970	69.146	3.613

La proportion de matières fertilisantes absorbées par la vigne est peu élevée; la récolte a été peu abondante, inférieure de moitié à la moyenne, une forte coulure a été la principale cause de ce résultat. Mais on peut se demander si, en donnant des fumures plus abondantes, comme dans le Médoc, on n'eût pas augmenté le rendement, les gadoues uniquement employées constituant un engrais peu énergique.

VIGNOBLE DE BELLEFONT-BELCIER.

(DEUXIÈME CRU SAINT-ÉMILION.)

Ce vignoble, qui appartient à M. Pierre Faure, est situé sur le territoire de la commune de Saint-Laurent-des-Combes, à peu de distance de Saint-Émilion.

Il a une contenance de 18 hect. 77 en vignes qui ont dû être replantées, car il était presque entièrement détruit, lors de l'achat par le propriétaire actuel, en 1888, au prix de 2,500 francs l'hectare. Il ne restait, à cette époque, que 2 hect. 50 de vignes françaises.

Les plantations ont aussitôt été entreprises à l'aide de vignes greffées sur racines américaines, et ont été continuées jusqu'en 1893, où elles ont été complétées. C'est surtout en 1890 et en 1891 qu'elles ont été activement poussées.

Les cépages principaux sont : le cabernet-sauvignon, les merlots, le malbec et le bouschet de Saint-Émilion.

Les porte-greffes employés sont les riparias, les viallas, les solonis, les jacquez, puis les york-madeira et les rupestris.

Ce vignoble s'étend depuis le pied du coteau jusque vers son sommet, où la roche calcaire affleure.

Sur les pentes du coteau, on a fait des apports de terre qui ont constitué un sol suffisamment profond pour permettre aux cépages américains de se développer.

Ces transports, qui constituent un travail très intéressant, mais que son prix de revient ne permet d'effectuer que dans des vignobles de crus d'un prix élevé, ont été effectués principalement à l'aide des chemins de fer Decauville. On a ainsi porté environ 34,000 mètres cubes de terre, prise au pied du coteau; cette terre a été répandue dans les parties supérieures, où le sol avait peu de profondeur et qui étaient particulièrement bien exposées, à des épaisseurs variées selon la disposition des lieux et le nivellement.

On peut admettre qu'on l'a répartie sur une épaisseur moyenne de 0 m. 30 à 0 m. 35, en couvrant une surface de 10 hectares.

Cette terre a été transportée à des distances variables de 250 à 500 mètres, avec des pentes de 10 à 20 et même 40 p. 100.

Le prix de la terre mise en place a été d'environ 1 franc le mètre cube. On a donc ainsi constitué une excellente terre à vignes, dans un sol primitivement ingrat, avec une dépense de 3,000 francs par hectare, dans une région où la valeur foncière des terres à vignes est élevée. On a ensuite procédé à la plantation.

Ce sol artificiel formé étant mis à part, voici la composition des sols et sous-sols, dans les endroits où il n'y a que la terre primitive, constituant le vrai fond du vignoble.

DÉSIGNATION.		POUR 1,000 DE TERRE NATURELLE SÈCHE.		
		TERRE FINE.	CAILLOUX	
			SILICEUX.	CALCAIRES.
Partie moyenne du coteau.	Sol	1.000	0	0
	Sous-sol	928	12	60
Partie supérieure du coteau.	Sol	920	50	30
	Sous-sol	909	36	55

La composition de la terre fine est donnée ci-dessous :

DÉSIGNATION.		POUR 1,000 DE TERRE FINE SÈCHE.					
		AZOTE.	ACIDE PHOSPHORIQUE.	POTASSE.	CARBONATE DE CHAUX.	MAGNÉSIE.	SESQUI-OXYDE DE FER.
Partie moyenne du coteau.	Sol	0.748	1.203	4.726	74.0	0.720	46.27
	Sous-sol	0.907	2.482	4.675	167.0	1.080	39.33
Partie supérieure du coteau.	Sol	0.635	0.414	2.142	28.0	0.540	37.01
	Sous-sol	0.589	0.414	2.635	103.0	0.828	49.74

En tenant compte des cailloux, qui sont en minime proportion, on trouve, pour 1,000 de terre naturelle, la composition suivante :

DÉSIGNATION.		POUR 1,000 DE TERRE NATURELLE SÈCHE.						
		AZOTE.	ACIDE PHOSPHORIQUE.	POTASSE.	CARBONATE DE CHAUX		MAGNÉSIE.	SEXQUI-OXYDE DE FER.
					FIN.	PIERREUX.		
Partie moyenne du coteau.	Sol	0.748	1.203	4.726	74.00	0	0.720	46.27
	Sous-sol	0.842	2.303	4.338	155.00	60	1.002	36.50
Partie supérieure du coteau.	Sol	0.584	0.381	1.971	25.76	30	0.497	34.06
	Sous-sol	0.535	0.376	2.395	93.60	55	0.753	45.21

Les échantillons prélevés dans la partie moyenne du coteau sont plus riches en principes fertilisants que ceux de la partie supérieure, principalement en acide phosphorique et en potasse.

Toutes ces terres sont riches en oxyde de fer et contiennent des proportions notables de carbonate de chaux provenant de la roche sous-jacente, qui est souvent à une faible profondeur.

Au moment de la plantation, les vignes ont été fumées avec des bourriers de Bordeaux, mis au-dessus des racines, mais en étant séparés par une couche de 8 à 10 centimètres de terre tassée. La même fumure a été appliquée aux vieilles vignes, maintenues par des traitements au sulfure de carbone.

En 1893, on a répandu 1,100,000 kilogrammes de bourriers de Bordeaux; ils ont été répandus après les vendanges, sur une surface de 10 hectares.

On a ainsi donné par hectare :

Azote	400^k 4
Acide phosphorique	515 9
Potasse	711 7

Mais c'est là une fumure de premier établissement, destinée à faciliter la reconstitution du vignoble. Elle est considérable, et la vigne peut y trouver son alimentation pendant plusieurs années. Elle est destinée à être renouvelée tous les six ans, donnant ainsi une fumure qui apporterait annuellement les quantités suivantes de matières fertilisantes :

Azote	66 kilogr.
Acide phosphorique	86
Potasse	119

Les traitements et les soins culturaux sont donnés comme dans toute cette région. Le nombre des pieds à l'hectare est de 6,200 environ.

Les vendanges ont été faites dans le commencement d'octobre; voici les observations recueillies en 1894, rapportées à l'hectare :

Vin		27^{hl}50
Poids	des feuilles desséchées à 100°	1,204^k 04
	des sarments desséchés à 100°	2,331 20
	des rafles desséchées à 100°	71 50
	des marcs desséchés à 100°	200 75
	des lies desséchées à 100°	16 50

La composition de ces divers produits de la vigne est la suivante :

COMPOSITION DU VIN (PAR LITRE).

Azote	0^{gr} 478
Acide phosphorique	0 200
Potasse	1 681
Chaux	0 127
Magnésie	0 061

COMPOSITION DES FEUILLES, DES SARMENTS, DES RAFLES ET DES MARCS.

DÉSIGNATION.	POUR 100 DE LA MATIÈRE DESSÉCHÉE A 100°.			
	FEUILLES.	SARMENTS.	RAFLES.	MARCS.
Azote	1.761	0.530	1.622	2.145
Cendres	11.900	3.019	8.995	8.697
Acide phosphorique	0.327	0.178	0.324	0.562
Potasse	0.787	0.745	4.483	2.594
Chaux	4.844	0.997	0.655	6.487
Magnésie	0.254	0.110	0.036	0.084

Nous pouvons, avec ces résultats, calculer les quantités de principes fertilisants absorbées par la vigne, par hectare :

MATIÈRES FERTILISANTES ABSORBÉES PAR HECTARE.

DÉSIGNATION.	AZOTE.	ACIDE PHOSPHORIQUE.	POTASSE.	CHAUX.	MAGNÉSIE.
Vin (27 hectol. 5)	1.314	0.550	4.623	0.349	0.168
Feuilles desséchées à 100° (1,204 kilogr. 4)	31.303	3.937	9.476	58.324	3.058
Sarments desséchés à 100° (2,331 kilogr. 20)	12.355	4.149	17.367	23.242	2.564
Rafles desséchées à 100° (71 kilogr. 5)	1.160	0.232	3.205	0.468	0.026
Marcs desséchés à 100° (200 kilogr. 75)	4.306	1.128	5.207	0.978	0.168
Lies desséchées à 100° (16 kilogr. 5)	0.286	0.097	1.787	0.487	traces.
Totaux	40.724	10.093	41.665	83.848	5.984

Les vignes, plantées successivement, ne sont pas encore toutes en production normale.

La récolte de 1893 a été vendue à raison de 1,100 francs le tonneau de 9 hectolitres, soit 122 francs l'hectolitre, celle de 1891 à raison de 133 francs l'hectolitre.

VIGNOBLE DE CHÂTEAU-GAZIN.

(PREMIER CRU POMEROL.)

Le vignoble de Château-Gazin compte parmi les premiers crus de Pomerol.

Il appartient à M. Léon Quenedey, qui l'a mis gracieusement à notre disposition, en nous fournissant, en outre, tous les documents nécessaires à nos études.

La surface de la propriété est de 31 hectares, dont 24 hectares consacrés à la culture de la vigne et 7 hectares en prairies, terres, pépinières de pieds mères de vignes américaines et de boutures greffées, pour la reconstitution du vignoble. Il existe encore 17 hectares de vignes françaises; 7 hectares sont plantés en plants greffés.

La nature du sol de ces vignes n'est pas uniforme; il comprend des parties où dominent tantôt la grave, le sable, l'argile rouge ou grise; toutefois la grave s'y rencontre le plus souvent, soit sans mélange, soit alliée dans des proportions variables au sable ou à l'argile.

Le sous-sol est graveleux ou argileux; dans quelques parties, il est formé par une grave ferrugineuse rougeâtre, très fortement agglomérée, appelée dans le pays *crasse de fer*, et quelquefois par une couche de sable pur très profonde.

La roche calcaire est le plus souvent à une grande profondeur.

Dans les anciennes vignes, où les pieds sont à 1 m. 15 environ dans le rang et à 1 m. 33 entre les rangs, le nombre de pieds est de 6,200 environ à l'hectare; dans les nouvelles plantations de vignes greffées, où les pieds sont à 1 m. 30 en tout sens, leur nombre est de 5,500, déduction faite des allées et des chemins.

Voici les résultats des analyses des deux types principaux des sols de la propriété :

l'échantillon n° 1 est le type des sols graveleux; l'échantillon n° 2, celui des sols où l'argile entre dans une proportion beaucoup plus grande.

DÉSIGNATION.		POUR 1,000 DE TERRE NATURELLE SÈCHE.		
		TERRE FINE.	CAILLOUX	
			SILICEUX.	CALCAIRES.
Échantillon n° 1..	Sol	345	655	0
	Sous-sol	479	521	0
Échantillon n° 2..	Sol	844	156	0
	Sous-sol	756	244	0

La composition de la terre fine est donnée dans le tableau ci-dessous :

DÉSIGNATION.		POUR 1,000 DE TERRE FINE SÈCHE.					
		AZOTE.	ACIDE PHOSPHORIQUE.	POTASSE.	CARBONATE DE CHAUX.	MAGNÉSIE.	SESQUI-OXYDE DE FER.
Échantillon n° 1.	Sol	0.596	0.496	1.207	22.0	0.360	21.98
	Sous-sol	0.649	0.639	1.326	4.0	0.324	17.35
Échantillon n° 2.	Sol	0.483	0.489	1.462	6.8	0.594	9.25
	Sous-sol	0.252	0.365	1.615	6.0	0.630	34.70

En tenant compte des cailloux mêlés à la terre et en envisageant la terre telle qu'elle est en réalité, on trouve :

DÉSIGNATION.		POUR 1,000 DE TERRE NATURELLE SÈCHE.						
		AZOTE.	ACIDE PHOSPHORIQUE.	POTASSE.	CARBONATE DE CHAUX		MAGNÉSIE.	SESQUI-OXYDE DE FER.
					FIN.	PIERREUX.		
Échantillon n° 1.	Sol	0.206	0.171	0.416	7.59	0	0.124	7.58
	Sous-sol	0.311	0.306	0.635	1.92	0	0.155	8.31
Échantillon n° 2.	Sol	0.408	0.413	1.234	5.74	0	0.501	7.81
	Sous-sol	0.190	0.276	1.221	4.54	0	0.476	26.23

Toutes ces terres sont très pauvres en azote, en acide phosphorique et en potasse; les sols argileux sont, sous ce dernier rapport, sensiblement mieux pourvus; le sous-sol des terrains argileux est très ferrugineux.

La propriété du Gazin, comme presque toutes celles des crus de Pomerol situées sur les plateaux graveleux, est très peu privilégiée sous le rapport des ressources d'amendements. Les fumures qu'on emploie sont les bourriers de Bordeaux, le fumier d'étable et quelques engrais chimiques, qu'on applique alternativement, sur une partie du domaine, de façon que chaque parcelle reçoive une fumure complète tous les cinq ans environ. On leur applique également du plâtre.

En moyenne, cette fumure comprend par an :

DÉSIGNATION.	AZOTE.	ACIDE PHOSPHORIQUE.	POTASSE.
Bourrier de ville (250,000 kilogrammes).......	910k	1,173k	1,132k
Fumier de ferme (30,000 kilogrammses).......	141	90	180
Superphosphate d'os (1,200 kilogrammes)......	6	192	"
Nitrate de potasse (900 kilogrammes)..........	115	"	385
Totaux....................	1,172	1,455	1,697
Soit par hectare..................	49	61	71

Ces fumures sont beaucoup moins élevées que celles que nous avons vu employées dans le Médoc.

Les divers cépages cultivés à Château-Gazin sont ainsi répartis : cabernet-sauvignon, 2 dixièmes; cabernet franc et autres variétés de cabernets, 2 dixièmes; malbec, 3 dixièmes; merlot, 2 dixièmes; petit verdot et quelques sémillons et sauvignons blancs, 1 dixième.

Dans les vignes françaises, quelques pièces sont très anciennes, il y en a dont la plantation remonte à cinquante et même quatre-vingts ans, mais c'est là l'exception, la plupart des vignes sont plus modernes.

La culture se fait suivant les pratiques que nous avons signalées plus haut d'une façon générale pour la région du Saint-Émilionnais; nous notons cependant quelques points particuliers à ce vignoble.

Les soufrages se font en additionnant le soufre d'environ 5 p. 100 de sulfate de cuivre sec et pulvérisé, et les sulfatages à l'aide d'une bouillie bordelaise renfermant, par hectolitre d'eau, 4 kilogrammes de sulfate de cuivre et 2 kilogrammes de chaux.

Les traitements contre le phylloxéra se font au sulfure de carbone, appliqué de trois manières différentes :

1° Au pal, à raison de 36 grammes par pied, soit 225 kilogrammes à l'hectare; 2° avec addition de 1/3 d'essence de pétrole, et au pal également, à raison de 40 grammes de mélange par pied; 3° à l'état de dissolution dans l'eau, amenée à l'aide d'une tuyauterie et d'une pompe à vapeur.

Il est dans les habitudes locales de donner aux domestiques logés, appelés bordiers, 800 francs par an, 200 fagots de sarments et la boisson (piquette). Les journées de femmes se payent 1 franc.

Le propriétaire, M. Quenedey, a établi avec ses bordiers un forfait comprenant tous les travaux de culture de la vigne, pour lesquels il leur fournit un bœuf en cheptel. Le forfait à l'année est payé 61 francs par journal de 36 ares 47, soit 170 francs par hectare.

En dehors des travaux formant l'objet du forfait, les bordiers peuvent être employés à la journée avec un salaire de 2 francs.

Les ouvriers étrangers à la propriété reçoivent également 2 francs par journée d'homme et 1 franc par journée de femme. Au moment des vendanges, on donne, en sus de ces prix, la nourriture et la boisson.

Les observations recueillies en 1894 sont les suivantes, rapportées à l'hectare :

Vin		11^{hl}14
Poids	des feuilles desséchées à 100°	742^{k} 45
	des sarments desséchés à 100°	1,216 75
	des rafles desséchées à 100°	28 96
	des marcs desséchés à 100°	81 32
	des lies desséchées à 100°	6 70

Voici la composition de ces divers produits de la végétation de la vigne, en ne tenant compte que des éléments fertilisants :

COMPOSITION DU VIN (PAR LITRE).

Azote	0^{gr}414
Acide phosphorique	0 383
Potasse	1 617
Chaux	0 104
Magnésie	0 067

COMPOSITION DES FEUILLES, DES SARMENTS, DES RAFLES ET DES MARCS.

DÉSIGNATION.	POUR 100 DE LA MATIÈRE SÉCHÉE A 100°.			
	FEUILLES.	SARMENTS.	RAFLES.	MARCS.
Azote	1.953	0.536	1.370	2.118
Cendres	12.330	3.420	9.550	7.650
Acide phosphorique	0.334	0.185	0.481	0.650
Potasse	1.496	0.919	4.584	2.982
Chaux	4.626	0.996	0.737	0.643
Magnésie	0.177	0.113	0.065	0.066

Ces données nous permettent de calculer les exigences de la vigne par hectare :

MATIÈRES FERTILISANTES ABSORBÉES PAR HECTARE.

DÉSIGNATION.	AZOTE.	ACIDE PHOSPHORIQUE.	POTASSE.	CHAUX.	MAGNÉSIE.
	kilogr.	kilogr.	kilogr.	kilogr.	kilogr.
Vin (11 hectol. 14)	0.461	0.427	1.801	0.116	0.075
Feuilles desséchées à 100° (742 kilogr. 45)	14.500	2.480	11.107	34.346	1.314
Sarments desséchés à 100° (1,216 kilogr. 75)	6.522	2.251	11.182	12.119	1.375
Rafles desséchées à 100° (28 kilogr. 96)	0.397	0.139	1.327	0.213	0.019
Marcs desséchés à 100° (81 kilogr. 32)	1.722	0.529	2.425	0.523	0.054
Lies desséchées à 100° (6 kilogr. 6)	0.115	0.039	0.718	0.195	traces.
TOTAUX	23.717	5.865	28.560	47.512	2.837

Ces exigences sont relativement faibles ; elles eussent été légèrement augmentées si, au lieu d'une très faible récolte de 11 hectolitres, elles en eussent donné une moyenne de 25 hectolitres environ. Une forte coulure a été la cause principale de ce rendement inférieur.

La quantité d'éléments fertilisants donnés dans la fumure dépasse notablement la quantité absorbée par la vigne, nous avons, en effet :

DÉSIGNATION.	AZOTE.	ACIDE PHOSPHORIQUE.	POTASSE.
	kilogr.	kilogr.	kilogr.
Donné dans la fumure	49.0	61.0	71.0
Absorbé par la vigne	23.7	5.9	28.6

Mais, comme l'engrais est donné surtout sous forme de gadoues, c'est-à-dire à un état peu assimilable, on peut se demander si une insuffisance de matériaux nutritifs immédiatement assimilables n'est pas pour quelque chose dans le faible rendement. Dans les vignes du Médoc, où la coulure a été tout aussi intense, la récolte a été bien plus élevée, mais aussi la fumure y est-elle beaucoup plus abondante.

CHAPITRE V.

VIGNOBLES DE SAINTE-FOY.

CHÂTEAU DES VERGNES.

Ce vignoble est intéressant, d'un côté parce qu'il représente le type de la région dite de Sainte-Foy, et d'un autre parce qu'il a été tout entier maintenu ou reconstitué en cépages français, alors que les vignes avoisinantes ont été détruites par le phylloxéra et, pour la plupart, reconstituées en plans greffés. Ce vignoble sert, depuis près de dix-huit ans, de champ d'expérience pour les traitements au sulfocarbonate de potassium ; sa vigueur, sa végétation et sa production montrent quel parti on peut tirer de cet insecticide judicieusement appliqué.

Le vignoble des Vergnes, qui appartient à M. le baron de Gargan, comprend 90 hectares plantés en vignes.

Les terrains sont en coteaux ondulés, ils sont de formation tertiaire, présentant généralement un sous-sol tantôt de calcaire compact, tantôt de marnes plus ou moins friables. La terre arable, dont l'épaisseur varie, suivant les endroits, de deux décimètres jusqu'à plus d'un mètre, est constituée par une terre silico-argileuse assez forte, le plus souvent mélangée de débris pierreux. La terre fine, qui constitue à peu près 90 p. 100 de la couche arable a la composition suivante, pour 1,000 :

DÉSIGNATION.	I.	II.	III.
Azote	0.73	0.78	0.91
Acide phosphorique	0.50	0.56	0.69
Potasse	2.80	3.68	3.69
Carbonate de chaux	27.30	13.90	22.40

La terre n'est donc pas très riche en azote; elle est pauvre en acide phosphorique, mais contient des proportions notables de potasse; le calcaire fin qu'elle contient atténue, dans une certaine mesure, la compacité due à la forte proportion d'argile. Lorsque ces terres sont bien ressuyées, elles se travaillent facilement; quand elles sont trop sèches, elles durcissent.

La vigne est établie sur fil de fer à raison d'environ 3,600 pieds à l'hectare. Les cépages qui la constituent sont : le malbec, le merlot, le cabernet-sauvignon, le fer, le périgord, le blanc sémillon, la muscade et la folle-blanche.

La culture se fait comme dans toute cette région; généralement, on pratique la taille courte, mais, en 1891, pendant laquelle les recherches relatives à ce vignoble ont été effectuées, la vigueur exceptionnelle de la vigne, que les gelées printanières et la coulure des deux années précédentes avaient empêché de porter de fortes récoltes, a fait penser qu'on pouvait lui demander, tout au moins d'une façon exceptionnelle, une récolte plus abondante, et l'on a taillé à plus long bois.

L'année 1891 a d'ailleurs été favorable; la floraison et la fructification se sont produites dans de bonnes conditions.

Ces expériences n'ont pas trait à l'ensemble du domaine, mais à une surface homogène de 37 hect. 35, en production normale, la vigne étant âgée de 11 ans.

Voici les observations faites à l'époque de la vendange :

Vin d'écoulage et de presse	1,658 hectol.
Marc pressé	27,964

La fermentation se faisant dans des cuves ouvertes, le marc qui surnage, c'est-à-dire le chapeau, s'acédifie dans une certaine mesure; on l'enlève à la main avant l'écoulage. Le poids de ce marc a été de 4,205 kilogrammes, soit par hectare 112 kilogr. 6.

Un égrappage partiel a été fait, en enlevant les râpes du quart de la vendange. On a ainsi enlevé 2,055 kilogrammes.

En résumé, on a obtenu par hectare :

Vin	44^{hl}39
Feuilles desséchées à 100°	1,566^{k} 4
Sarments desséchés à 100°	1,755 0
Marc de presse desséché à 100°	748 7
Marc de chapeau desséché à 100°	112 6
Rafles desséchées à 100°	55 0

Voici la composition de ces divers produits :

COMPOSITION DU VIN (PAR LITRE).

Azote	0gr 103
Acide phosphorique	0 144
Potasse	1 374
Chaux	0 153
Magnésie	0 095

COMPOSITION DES FEUILLES, DES SARMENTS, DES RAFLES ET DES MARCS.

DÉSIGNATION.	FEUILLES.	SARMENTS.	RAFLES.	MARCS	
				DE PRESSE.	DE CHAPEAU.
Azote	2.06	0.60	1.93	1.80	1.80
Cendres	14.25	3.80	8.80	5.90	5.95
Acide phosphorique	0.46	0.21	0.54	0.69	0.63
Potasse	0.83	0.85	2.77	1.09	1.27
Chaux	5.15	1.14	0.96	0.80	0.91
Magnésie	1.09	0.26	0.23	0.12	0.16

Ces données permettent de calculer la quantité de matières fertilisantes absorbées par hectare de vignes.

MATIÈRES FERTILISANTES ABSORBÉES PAR HECTARE.

DÉSIGNATION.	AZOTE.	ACIDE PHOSPHORIQUE.	POTASSE.	CHAUX.	MAGNÉSIE.
	kilogr.	kilogr.	kilogr.	kilogr.	kilogr.
Vin (44 hectol. 39)	0.457	0.639	6.099	0.679	0.042
Feuilles desséchées à 100° (1,566 kilogrammes)	32.268	7.206	13.000	80.670	17.074
Sarments desséchés à 100° (1,755 kilogrammes)	10.524	3.686	14.918	20.006	4.562
Rafles enlevées desséchées (12 kilogr. 670)	0.244	0.068	0.351	0.122	0.029
Marc... de presse desséché à 100° (243 kilogr.)	4.374	1.677	2.649	1.944	0.292
Marc... de chapeau desséché à 100° (24 kilog.)	0.432	0.151	0.305	0.218	0.038
Lies desséchées à 100° (26 kilogr. 6)	0.460	0.156	2.870	0.782	traces.
TOTAUX	48.759	13.583	40.192	104.421	22.037

On voit que, dans ce vignoble, les exigences de la vigne sont assez considérables ; il est vrai qu'on se trouve en présence d'une végétation particulièrement vigoureuse et d'une récolte dépassant d'un tiers la moyenne.

Des fumures au fumier de ferme, auquel on avait ajouté, sous les pieds des animaux, du phosphate de chaux naturel, à raison d'un kilogramme par jour et par tête de bétail, ont été employées en forte proportion.

L'abondance des matériaux nutritifs et les conditions favorables de l'année ont permis d'obtenir une récolte particulièrement abondante et une grande vigueur de végétation.

Si nous comparons le vignoble qui comprend les vins de Saint-Émilion, de Pomerol, de Sainte-Foy, à celui du Médoc proprement dit, nous constatons une différence notable entre les conditions économiques dans lesquelles ces deux régions sont placées.

Le Médoc, en effet, a de grandes ressources en matériaux fertilisants, dues surtout au voisinage des landes, d'où il tire des engrais végétaux et des terres d'amendements, au voisinage de la Garonne et de la Gironde, qui lui fournissent de riches terres d'alluvions.

Le Saint-Émilionnais, au contraire, doit importer presque la totalité des matériaux nutritifs qu'il donne à la vigne.

Les gadoues de Bordeaux, les fumiers des casernes de Libourne, constituent ses principales ressources.

Les exploitations ne trouvent même que peu de fumiers de ferme sur place, dans un pays où les fourrages sont peu abondants. Beaucoup de viticulteurs ne possèdent pas de bétail et font travailler à façon leurs vignes par des propriétaires voisins.

Aussi trouvons-nous que les fumures données à la vigne dans cette région sont relativement faibles, atteignant environ le tiers de ce qu'on donne dans les crus du Médoc. Ce sont là des conditions économiques qu'il est impossible de modifier.

Si cette région voulait donner des fumures plus intensives à ses vignes, on pourrait lui conseiller de s'adresser à des engrais plus concentrés, tels que les engrais animaux : sang, corne, viande desséchée, etc., ou encore les tourteaux de graines. Les frais de transport de produits concentrés sont relativement minimes, si on les compare à ceux de matériaux pauvres et encombrants, comme les gadoues de villes qui reviennent, rendues à pied d'œuvre, à un prix élevé. Les mêmes sacrifices d'argent, faits pour l'achat d'engrais organiques concentrés, donneraient certainement des résultats plus avantageux.

CHAPITRE VI.

VIGNOBLES DU PAYS DE SAUTERNES.

Le pays de Sauternes, qui donne des vins blancs si réputés, est situé au sud-est de Bordeaux ; il est limitrophe au vignoble des Graves.

Il comprend des coteaux qui dominent la Garonne à son confluent avec le Ciron, dans les communes de Sauternes, Barsac, Bommes, Fargues et Preignac.

Les terrains qui le constituent ont une composition très variée ; tantôt ils sont argilo-calcaires, avec des proportions variables d'éléments grossiers, tantôt plus silicieux ; enfin, quelquefois calcaires, comme dans les environs de Barsac. Des conditions spéciales de sol et d'exposition, ainsi que les soins donnés à la culture, à la vendange et à la vinification, ont établi une division en crus plus ou moins appréciés, analogue à celle que nous avons signalée pour le Médoc.

Cette région produit des vins blancs dont le plus réputé est le Château-Yquem. Ils sont remarquables par leur moelleux, leur bouquet et leur finesse. Un choix heureux de cépages, et surtout une maturation avancée et une vinification soignée, ont valu à ces produits cet ensemble de qualités qui les a fait classer parmi les vins qui atteignent les prix les plus élevés.

Les cépages le plus généralement cultivés sont le sémillon, le sauvignon et la muscadelle.

Il n'y a pas, dans les vignes, de culture intercalaire; suivant qu'elles sont travaillées à bras ou à la charrue, les rangs sont espacés de 1 m. 40 à 2 mètres; les pieds sont, en lignes, à une distance de 0 m. 80 à 0 m. 90 les uns des autres. Dans certaines exploitations, quelques règes sont groupées par distance de 1 m. 33, et les groupes sont séparés les uns des autres par une distance de 2 mètres environ.

Les rameaux sont réunis autour d'un échalas de 2 m. 40, ou palissés sur deux lignes de fil de fer. Les souches ont, jusqu'à la bifurcation des bras, une hauteur d'environ 0 m. 50; ceux-ci, au nombre de deux ou trois, portent chacun un courson de deux à trois yeux qu'on leur laisse à la taille, opérée en janvier ou février.

On pratique un épamprage en juin, et, vers le mois de septembre, un effeuillage qui a toujours été jugé nécessaire pour laisser l'action du soleil se produire sur les grains et rendre plus faciles les vendanges. Le raisin n'est récolté qu'après avoir dépassé la maturité complète et lorsqu'il est couvert d'une moisissure; les grains de raisin, au lieu de conserver l'aspect qu'ils ont ailleurs au moment de la récolte, se rident et finissent par ressembler aux raisins secs; ils sont alors dits *persillés;* les grains se dessèchent et contiennent un suc d'une grande concentration, ce qui fait la qualité des vins qu'ils produisent; les pluies qui pourraient survenir à ce moment laveraient les grains, et la qualité serait affectée; les conditions météorologiques ont donc une grande influence; si le beau temps se maintient, la vendange peut se faire dans les meilleures conditions, au point de vue de la qualité des vins et de la rapidité de la cueillette; si, au contraire, il pleut ou si les froids interviennent, on est obligé de récolter avant que les grains aient atteint le persillage, et les vins n'acquièrent pas toutes leurs qualités.

Dans ces conditions que doit remplir la vendange, l'époque à laquelle on l'opère est beaucoup plus tardive que dans les régions viticoles avoisinantes; elle doit se faire au fur et à mesure que les raisins sont jugés suffisamment à point. Aussi se prolonge-t-elle souvent très longtemps, car on ne la commence que vers 8 heures du matin et on l'interrompt dès que la plus petite pluie a mouillé le raisin, qui ne doit être récolté qu'absolument sec.

La cueillette s'effectue à l'aide de ciseaux, avec lesquels on enlève, de chaque grappe, quelquefois grain à grain, ce qui est dans l'état de maturité cherché.

On est quelquefois obligé de repasser quatre ou cinq fois, souvent plus, sur chaque cep, en opérant chaque fois le triage des grains, qui sont couverts de moisissures et plus ou moins rôtis ou desséchés. Dans les années où la maturation est tardive, comme en 1894, ce premier triage grain à grain ne fournit souvent qu'une faible quantité de vendange, chaque coupeur, dans sa journée, n'en remplissant que quelques litres. Cette première récolte, qui ne porte presque exclusivement que sur les grains entièrement pourris et rôtis, donne des moûts très riches, constituant les vins de tête.

Au début, c'est surtout à des grains rôtis, c'est-à-dire partiellement desséchés, qu'on a affaire; plus tard, la pourriture, c'est-à-dire l'action des moisissures, s'accentue, et l'on a davantage de grains mous et fermentés.

Aussi, quand on repasse pour la deuxième fois sur les mêmes ceps, quelques jours après, on fait une récolte plus abondante de grains pourris et rôtis, qui forme des vins de tête et des vins de centre.

Les tries suivantes, qui comprennent les grains tardifs arrivés à un moindre degré de dessiccation, donnent des vins de centre.

Enfin, la dernière trie comprend les raisins laissés par les précédentes et qui sont moins avancés comme pourriture et comme dessiccation; ce sont eux qui constituent les vins de queue, qui n'entrent en général que pour une part très minime dans la récolte.

Les raisins, recueillis dans des paniers en bois, sont vidés dans des bastes ou dans des douils qui les transportent au cuvier. Les grains qui, par la manière dont on les cueille, sont presque entièrement égrappés, sont exprimés à l'aide du pressoir, et le jus est mis aussitôt en barriques; la fermentation se déclare peu de temps après et dure pendant quelques semaines; quand elle est ralentie et que le vin est devenu limpide, on procède à un soutirage; les vins restent sucrés et la fermentation est arrêtée par des mutages au soufre; on fait environ 4 soutirages par an, soit 1 par trimestre, à partir de février ou mars.

La finesse de ces vins s'accentue beaucoup par le vieillissement.

On voit que les influences climatologiques sont importantes au point de vue de la qualité des vins blancs de Sauternes, surtout celles qui correspondent aux époques de la vendange; si cette dernière a été faite par un beau temps et si la presque totalité des raisins est arrivée à point, la qualité est supérieure; si, au contraire, les mauvais temps ont compromis la récolte avant la vendange ou dans le cours des opérations, si l'on a dû récolter avant la pourriture des grains, on a des vins de qualité moindre.

Les prix varient donc considérablement d'une année à l'autre, bien plus encore que pour les vins rouges. C'est ainsi que les premiers crus ont été vendus depuis 800 francs jusqu'à 6,000 francs le tonneau de 9 hectolitres.

Le Château-Yquem se vend, en moyenne, un quart ou un tiers plus cher que les autres premiers crus.

VIGNOBLE DE CHÂTEAU-YQUEM.

(PREMIER GRAND CRU.)

Le vignoble de Château-Yquem est situé sur le territoire de la commune de Sauternes. C'est le seul grand premier cru de la région. Il appartient à M. le marquis de Lur-Saluces; il est dirigé par M. Ém. Garros qui a bien voulu mettre à notre disposition son précieux concours.

La constitution des terres de la propriété est très variable; certaines pièces sont peu calcaires; d'autres contiennent, au contraire, de grandes quantités de carbonate de chaux, surtout les sous-sols, formés quelquefois d'une marne argileuse.

Nous avons choisi les types les plus caractéristiques des sols et sous-sols du domaine; leur composition est la suivante :

DÉSIGNATION.		POUR 100 DE TERRE NATURELLE SÈCHE.		
		TERRE FINE.	CAILLOUX	
			SILICEUX.	CALCAIRES.
Pièce 42	Sol	773	227	0
	Sous-sol	1.000	0	0
Pièce 53	Sol	841	121	38
	Sous-sol	1.000	0	0
Pièce 86	Sol	476	524	0
	Sous-sol	359	641	0

Les échantillons de la pièce 86 contiennent des proportions très élevées d'éléments grossiers, les autres sont, au contraire, peu caillouteux; dans tous ces échantillons, les cailloux sont presque exclusivement siliceux.

La composition de la terre fine est donnée dans le tableau ci-dessous :

DÉSIGNATION.		POUR 1,000 DE TERRE FINE SÈCHE.					
		AZOTE.	ACIDE PHOSPHORIQUE.	POTASSE.	CARBONATE DE CHAUX.	MAGNÉSIE.	SESQUIOXYDE DE FER.
Pièce 42	Sol	0.404	0.444	1.411	46.0	1.530	16.19
	Sous-sol	0.218	0.244	3.638	450.0	1.494	31.23
Pièce 53	Sol	1.284	0.940	2.346	92.0	1.728	17.35
	Sous-sol	0.205	0.308	3.128	600.0	0.864	15.04
Pièce 86	Sol	0.503	0.639	1.139	6.4	0.828	13.88
	Sous-sol	0.457	0.229	1.394	8.0	0.414	31.23

Si, au lieu de considérer seulement la terre fine, on envisage la terre telle qu'elle est en réalité, avec les cailloux qui y sont mêlés, on trouve :

DÉSIGNATION.		POUR 1,000 DE TERRE NATURELLE SÈCHE.						
		AZOTE.	ACIDE PHOSPHORIQUE.	POTASSE.	CARBONATE DE CHAUX		MAGNÉSIE.	SESQUIOXYDE DE FER.
					FIN.	PIERREUX.		
Pièce 42	Sol	0.312	0.343	1.091	35.56	0	1.183	12.51
	Sous-sol	0.218	0.244	3.638	450.00	0	1.494	31.23
Pièce 52	Sol	1.080	0.790	1.973	77.37	38	1.453	14.59
	Sous-sol	0.205	0.308	3.128	600.00	0	0.864	15.04
Pièce 86	Sol	0.239	0.304	0.542	3.05	0	0.394	6.61
	Sous-sol	0.164	0.082	0.500	2.87	0	0.149	11.21

Ces terres sont pauvres en azote et en acide phosphorique; le sol de la pièce 53 est sensiblement plus riche que les autres. Le carbonate de chaux est en proportion très faible dans certaines pièces, telles que le n° 86; dans d'autres, il atteint des proportions élevées.

La vigne reçoit, par hectare, tous les cinq ans, 60,000 kilogrammes de fumier de ferme, qu'on additionne de phosphate de chaux et de sulfate de potasse.

Cette fumure apporte par an et par hectare environ :

Azote	82 kilogr.
Acide phosphorique	120
Potasse	160

C'est donc une fumure plus phosphatée et potassique qu'azotée.

La propriété comprend 90 hectares de vignes blanches, formés surtout de muscadelle, de sémillon et de sauvignon.

Le nombre de pieds à l'hectare est de 7,000.

Voici les observations recueillies dans l'année 1894, et rapportées à l'hectare :

Vin		$18^{hl}4$
Poids	des feuilles desséchées à 100°	$565^{k}6$
	des sarments desséchés à 100°	1,131 2
	des marcs desséchés à 100°	288 26
	des lies desséchées à 100°	11 0

Ces divers produits ont la composition suivante, en ne tenant compte que des éléments fertilisants :

COMPOSITION DU VIN (PAR LITRE).

Azote	$0^{gr}230$
Acide phosphorique	0 349
Potasse	0 979
Chaux	0 149
Magnésie	0 053

COMPOSITION DES FEUILLES, DES SARMENTS ET DES MARCS.

DÉSIGNATION.	POUR 100 DE LA MATIÈRE SÉCHÉE À 100°.		
	FEUILLES.	SARMENTS.	MARCS.
Azote	1.880	0.649	1.754
Cendres	11.870	3.280	13.085
Acide phosphorique	0.383	0.257	0.502
Potasse	1.923	0.892	3.105
Chaux	4.221	0.900	0.497
Magnésie	0.113	0.099	0.076

Ces données permettent de calculer les quantités de principes fertilisants absorbés par hectare :

MATIÈRES FERTILISANTES ABSORBÉES PAR HECTARE.

DÉSIGNATION.	AZOTE.	ACIDE PHOSPHORIQUE.	POTASSE.	CHAUX.	MAGNÉSIE.
	kilogr.	kilogr.	kilogr.	kilogr.	kilogr.
Vin (18 hectol. 4)	0.423	0.642	1.801	0.274	0.097
Feuilles desséchées à 100° (565 kilogr. 6)	10.633	2.166	10.876	23.874	0.639
Sarments desséchés à 100° (1,131 kilogr. 2)	7.341	2.907	10.090	10.181	1.120
Marcs desséchés à 100° (288 kilogr. 3)	5.056	1.447	8.950	1.433	0.219
Lies desséchées à 100° (11 kilogrammes)	0.191	0.065	1.195	0.325	traces.
Totaux	23.644	7.227	32.912	36.087	2.075

Les quantités de matières fertilisantes absorbées par la vigne sont peu élevées, ce qui tient surtout à ce que le développement du système foliacé n'est pas très grand. Les chiffres donnés ci-dessus sont d'ailleurs un peu inférieurs à la réalité, car on a pratiqué, avant la vendange, un effeuillage dont nous n'avons pas pu tenir compte.

On remarquera que la proportion de marc pressé est assez élevée, soit 26 kilogr. 1 par hectolitre de vin obtenu, ce qui tient à la dessiccation subie par le raisin. Le rendement, de 18 hectolitres par hectare, est d'ailleurs supérieur à la moyenne, qui ne dépasse pas beaucoup 9 hectolitres.

VIGNOBLE DE CHÂTEAU-COUTET.

(PREMIER CRU.)

Le vignoble de Château-Coutet est situé sur le territoire de la commune de Barsac; il appartient, comme le précédent, à M. le marquis de Lur-Saluces.

C'est également un premier cru, peu inférieur au précédent.

Ici encore, les terrains offrent une grande variation de composition, tantôt avec de très faibles quantités de carbonate de chaux, tantôt avec des proportions notables. Le sous-sol est formé d'une pierre calcaire plus ou moins dure.

La composition des divers échantillons, représentant les types principaux des terres du domaine, est la suivante :

DÉSIGNATION.		POUR 1,000 DE TERRE NATURELLE SÈCHE.		
		TERRE FINE.	CAILLOUX	
			SILICEUX.	CALCAIRES.
La Bargayre	Sol	1.000	0	0
	Sous-sol	995	5	0
Pièce n° 10	Sol	867	52	81
	Sous-sol	924	43	33
Échantillon de calcaire tendre formant une partie du sous-sol		0	0	1.000

La composition de la terre fine est donnée dans le tableau ci-dessous :

DÉSIGNATION.		POUR 1,000 DE TERRE FINE SÈCHE.					
		AZOTE.	ACIDE PHOSPHORIQUE.	POTASSE.	CARBONATE DE CHAUX.	MAGNÉSIE.	SESQUI-OXYDE DE FER.
La Bargayre	Sol	0.748	0.489	1.632	6.0	0.576	17.35
	Sous-sol	0.516	0.376	2.176	6.0	0.720	35.86
Pièce n° 10	Sol	1.106	1.053	2.567	110.0	1.332	38.17
	Sous-sol	0.549	0.658	2.346	36.6	0.396	49.74
Échantillon de calcaire		0.079	0.293	1.496	712.0	0.774	12.72

En tenant compte des cailloux mêlés à la terre, on trouve :

DÉSIGNATION.		POUR 1,000 DE TERRE NATURELLE SÈCHE.						
		AZOTE.	ACIDE PHOSPHORIQUE.	POTASSE.	CARBONATE DE CHAUX FIN.	CARBONATE DE CHAUX PIERREUX.	MAGNÉSIE.	SESQUI-OXYDE DE FER.
La Bargayre	Sol	0.748	0.489	1.632	6.0	0	0.576	12.15
	Sous-sol	0.513	0.374	2.165	5.97	0	0.716	35.67
Pièce n° 10	Sol	0.959	0.913	2.225	95.37	81	1.155	33.09
	Sous-sol	0.507	0.608	2.168	33.82	33	0.366	45.95
Échantillon de calcaire		0	0	0	0	1.000	0	0.00

Ces terres sont assez pauvres en azote et en acide phosphorique, quoique en contenant plus que les échantillons précédents de Château-Yquem.

Les fumures sont analogues.

Le nombre moyen de pieds à l'hectare est de 7,000.

Les observations recueillies aux vendanges de 1894 sont les suivantes :

Vin		26hl 16
Poids	des feuilles desséchées à 100°	477k 4
	des sarments desséchés à 100°	551 32
	des marcs desséchés à 100°	409 82
	des lies desséchées à 100°	15 7

La composition de ces divers produits est donnée ci-dessous, en ne tenant compte que des éléments fertilisants :

COMPOSITION DU VIN (PAR LITRE).

Azote	0gr301
Acide phosphorique	0 343
Potasse	0 792
Chaux	0 142
Magnésie	0 054

COMPOSITION DES FEUILLES, DES SARMENTS ET DES MARCS.

DÉSIGNATION.	POUR 100 DE LA MATIÈRE SÉCHÉE A 100°.		
	FEUILLES.	SARMENTS.	MARCS.
Azote	1.668	0.682	1.754
Cendres	12.400	3.550	13.085
Acide phosphorique	0.378	0.240	0.502
Potasse	1.153	0.882	3.105
Chaux	5.194	1.073	0.497
Magnésie	0.098	0.088	0.076

Ces résultats nous permettent de calculer les quantités de matières fertilisantes absorbées par la vigne, pour la production de ses feuilles, de ses bois et de ses fruits.

Le tableau suivant est rapporté à 1 hectare de vignes :

MATIÈRES FERTILISANTES ABSORBÉES PAR HECTARE.

DÉSIGNATION.	AZOTE.	ACIDE PHOSPHORIQUE.	POTASSE.	CHAUX.	MAGNÉSIE.
	kilogr.	kilogr.	kilogr.	kilogr.	kilogr.
Vin (26 hectol. 16)	0.787	0.897	2.072	0.371	0.141
Feuilles desséchées à 100° (477 kilogr. 4)	7.963	1.804	5.504	24.796	0.468
Sarments desséchés à 100° (551 kilogr. 32)	3.760	1.323	4.863	5.916	0.485
Marcs desséchés à 100° (409 kilogr. 82)	7.188	2.057	12.725	2.037	0.311
Lies desséchées à 100° (15 kilogr. 7)	0.272	0.093	1.700	0.463	traces.
TOTAUX	19.970	6.174	26.864	33.583	1.405

Comme on le voit, les exigences de ces vignobles sont peu élevées, même en tenant compte de l'épamprage et de l'effeuillage qui précède la vendange.

Les quantités de matériaux fertilisants donnés à la vigne sont élevées et n'ont cependant aucune influence fâcheuse sur la finesse des vins, qui comptent parmi les plus haut cotés. C'est encore une confirmation du fait que nous avons eu l'occasion de signaler pour la Champagne et pour le Médoc, de l'innocuité des fumures abondantes dans les vignobles qui produisent les grands vins.

Mais, ici encore, c'est sous la forme de fumier naturel que ces matériaux sont apportés, et non sous celle d'engrais chimiques à action rapide, tels que le nitrate de soude et le sulfate d'ammoniaque.

IMPRIMERIE NATIONALE. — 1896.

www.ingramcontent.com/pod-product-compliance
Lightning Source LLC
Chambersburg PA
CBHW050605210326
41521CB00008B/1128
* 9 7 8 2 0 1 3 7 3 1 7 5 1 *